普通高等教育"十四五"系列教材

计算机应用基础

主 编 张 堃

副主编 朱洁兰 吕召勇 黄亦佳

中国水利水电出版社
www.waterpub.com.cn
·北京·

内 容 提 要

本书从计算机应用技能出发，梳理教学知识点，从零起步，逐步深入讲解计算机基本知识和常用操作，注重基础性，突出实用性。

全书共分 8 章，包括计算机概述，微型计算机操作系统、文字处理软件、电子表格软件、演示文稿软件、数据库基础、多媒体基础、网络基础与应用等内容。为方便操作教学和自主练习，本书另编有配套教材《计算机应用基础实验指导》，为熟练掌握操作技巧提供帮助。

本书可作为高等学校非计算机专业学生的计算机基础课程教材，亦可作为全国计算机等级考试及各类计算机培训班的参考教材，也可作为计算机爱好者的自学用书。

图书在版编目（CIP）数据

计算机应用基础 / 张堃主编. -- 北京 : 中国水利
水电出版社，2022.6
普通高等教育"十四五"系列教材
ISBN 978-7-5226-0664-4

Ⅰ．①计… Ⅱ．①张… Ⅲ．①电子计算机－高等学校
－教材 Ⅳ．①TP3

中国版本图书馆CIP数据核字（2022）第068312号

书　　名	普通高等教育"十四五"系列教材 计算机应用基础 JISUANJI YINGYONG JICHU
作　　者	主　编　张　堃 副主编　朱洁兰　吕召勇　黄亦佳
出版发行	中国水利水电出版社 （北京市海淀区玉渊潭南路 1 号 D 座　100038） 网址：www.waterpub.com.cn E-mail：sales@mwr.gov.cn 电话：（010）68545888（营销中心）
经　　售	北京科水图书销售有限公司 电话：（010）68545874、63202643 全国各地新华书店和相关出版物销售网点
排　　版	中国水利水电出版社微机排版中心
印　　刷	天津嘉恒印务有限公司
规　　格	184mm×260mm　16 开本　14.5 印张　353 千字
版　　次	2022 年 6 月第 1 版　2022 年 6 月第 1 次印刷
印　　数	0001—2000 册
定　　价	42.00 元

前　言

大学计算机基础教育是高等教育必不可少的组成部分，计算机基础课程是高等院校各专业学生的公共必修课，是应用型人才培养的基础课程。计算机的飞速发展和广泛应用使之成为一种工具，掌握计算机基础知识和实用操作是学生未来学习、生活和职业生涯的基本技能。

本书注重基础性和实用性，零起步，从计算机实际应用需要出发，同时结合全国计算机等级考试题型设置教学知识点，理论部分适应当前人才培养的信息化知识结构，操作部分贴近实用场景，强调功能，不局限软件版本。

全书共分8章，第1章计算机概述，主要讲述计算机发展历程、计算机应用领域、计算机软硬件系统和计算机安全使用；第2章微型计算机操作系统，主要讲述操作系统功能及其基本操作；第3章文字处理软件，主要讲述文档排版、表格制作、图文混排、文档审阅以及公式、目录、邮件合并等高级辅助功能；第4章电子表格软件，主要讲述数据图表化、公式和函数以及排序、筛选、分类汇总和数据透视表等数据管理功能；第5章演示文稿软件，主要讲述幻灯片各类内容编辑、幻灯片动画和母版使用等修饰手法，特别加入了设计技巧部分，简单实用的操作方法创作独具特色的演示文稿；第6章数据库基础，主要讲述数据库的基本概念和数据库的创建，了解数据库的功能，为数据库的进一步学习和应用打下基础；第7章多媒体基础，主要讲述多媒体信息处理技术以及图片处理软件、动画制作软件和视频编辑软件三种常见多媒体处理工具的基本用法；第8章网络基础与应用，主要讲述计算机网络的基本概念、网络连接技术以及常见网络应用的方法。

本书由张堃担任主编。全书由具有计算机应用基础教学经验的老师编写而成，其中第1章由张堃编写，第2章和第3章由吕召勇编写，第4章、第5章、第7章和第8章由朱洁兰编写，第6章由黄亦佳编写。全书由张堃统稿。本书编辑过程中参考了大量资料，包括书籍和网络资料，在此一并表示感谢。

由于作者水平有限，疏漏和不妥之处在所难免，敬请读者批评指正。

作者

2022 年 1 月

目　录

第 1 章 计 算 机 概 述

计算机是 20 世纪最具影响力的科技发明之一，并持续以强大的生命力飞速发展。计算机技术已广泛地渗透到人类生产和生活的各个方面，并逐步形成了规模庞大的计算机产业，对社会的进步产生了极其深远的影响。在当今的信息社会，使用计算机已成为一种生活方式，因此，掌握计算机的应用方法已成为每一个人的必备技能。

本章主要介绍计算机的发展和应用领域、计算机软硬件系统，以及计算机的安全使用常识。

1.1 计 算 机 发 展 历 程

计算机从无到有，似乎只有短短几十年的时间，但追根溯源，计算理念的产生已经走过了 2000 多年，从最简单的数值计算到无所不在的各层面应用，计算机技术的发展逐步改变着人们的生活方式，计算机文化被赋予了更深刻的内涵。

1.1.1 计算机的诞生

计算器具是人类社会化生产活动的产物，应用其解决实际问题不仅可以提高运算效率，而且还能促进技术更新，并推动社会发展。

1. 计算机的起源

人类最早的计算器具可追溯到我国春秋时期的算筹（图 1.1），可以进行加、减、乘、除、开方等代数运算。公元 500 年前，南北朝时期的数学家祖冲之借助算筹，将圆周率计算到小数点后第 7 位，成为当时世界上最精确的 π 值。到了唐代，中国人发明了算盘，使用十进制计数法和一整套计算口诀进行计算，是世界上第一种手动式计数器，能够解决更加复杂的数学问题。算盘一直沿用到现代社会。

1621 年，英国人冈特发明了世界上最早的模拟计算工具——计算尺。1642 年，法国数学家、物理学家帕斯卡发明了人类历史上第一台机械式计算机，对日后计算机械的发展产生了重要影响。1673 年，德国数学家莱布尼兹首次提出二进制思想，指出可以用机械代替人进行烦琐重复的计算工作。1834 年，英国数学家巴贝奇把程序设计的思想引入其设计的分析机，为现代电子计算机的

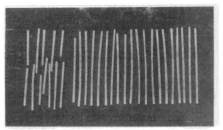

图 1.1 算筹

结构设计奠定了基础。1944 年，依据巴贝奇的设计思想，美国科学家艾肯研制成功世界上最早的通用型自动机电式计算机 MARK-Ⅰ。

2. 图灵机

图灵机（Turing Machine, TM）是由英国科学家图灵（图 1.2）在 1936 年提出的，它是一种精确的通用计算机模型，能模拟实际计算机的所有计算行为。图灵机其实是一个抽象的机器，基本思想是用机器来模拟人们用纸笔进行数学运算的过程。图灵从理论上证明了通用计算机是可以制造出来的，只要给它编好程序，它就可以承担其他机器所能做的任何工作，因此，图灵被称为计算机科学之父。

1950 年，图灵首次提出了一种用于判定机器是否具有智能的试验方法，即"图灵试验"，从而奠定了人工智能的基础，故图灵又被称为人工智能之父。

为了纪念图灵在计算机领域的杰出贡献，美国计算机学会设立了"图灵奖"，从 1956 年开始颁发给最优秀的计算机科学家，这一奖项也是计算机领域的最高荣誉。

3. 冯·诺依曼计算机

1945 年 6 月底，美籍匈牙利科学家冯·诺依曼（图 1.3）提出了 EDVAC 计划草案，指出在计算机中采用二进制算法和设置内存储器的理论，并明确规定了电子计算机必须由运算器、控制器、存储器、输入设备和输出设备等五大部分基本结构构成。他认为，计算机采用二进制算法和内存储器后，指令和数据便可以一起存放在存储器中，并可作同样处理，这样，不仅可以使计算机的结构大大简化，而且为实现运算控制自动化和提高运算速度提供了良好的条件。这一理论奠定了现代电子计算机的基本结构，标志着电子计算机时代的真正开始。

图 1.2　图灵

图 1.3　冯·诺依曼

根据冯·诺依曼提出的原理制造的计算机被称为冯·诺依曼结构计算机，现代计算机虽然结构更加复杂，计算能力更加强大，但仍然是基于这一原理设计的，也是冯·诺依曼机。

4. 第一台电子计算机

1946 年 2 月 14 日，在美国宾夕法尼亚大学，世界上第一台电子计算机 ENIAC 诞生（图 1.4），其全称为 Electronic Numerical Integrator and Computer，即电子数字积分计算机。这台计算机由美国军方定制，用于计算炮弹弹道。其主要元器件采用电子管，总共使用了 1500 个继电器、18800 个电子管，占地 170m^2，重逾 30t，耗电 150kW，造价 48 万美元。这台计算机每秒能完成 5000 次加法运算、400 次乘法运算，比当时最快的计算工具快 300 倍，是手工计算的 20 万倍。这台计算机运行了 9 年，据传每次一开机，整个费城西区的电灯都会变暗。用今天的标准看，其功能远不如一只掌上可编程计算器，但它使科学家们从复杂的计算中解脱出来，它的诞生标志着人类进入了一个崭新的信息革命时代。

图 1.4　第一台电子计算机 ENIAC

5. 计算机的定义

计算机（Computer）俗称电脑，是一种能够按照程序运行，自动、高速、精确处理海量数据的现代化智能电子设备。计算机诞生之初主要应用于数值计算，而后随着计算机技术的发展，开始在信息处理等领域发挥作用。

1.1.2　计算机的特点

从计算机的定义来看，计算机的特点体现在高速度、高精度、可存储和自动化四个方面。

1. 高速度

计算机内部由电子线路连接电子器件，可以获得很高的运算速度。目前世界上运算速度最快的计算机系统，每秒可以完成亿亿次双精度浮点运算，微型计算机的这一数值也可达每秒百亿次以上。计算机不仅能进行高速的数值计算，而且具有逻辑运算功能，能对信息进行比较和判断，使得许多复杂的科学计算问题能够顺利解决。

2. 高精度

计算机内采用二进制数字进行运算，通过增加数字设备或者优化算法可以提高计算精度。一般计算机有十几位甚至几十位（二进制）有效数字，计算精度可达千分之一到几百万分之一，甚至更高，使尖端科技的高度精确计算得以实现。

3. 可存储

计算机内部的存储器具有记忆特性，能够把参加运算的数据、程序以及中间结果和最后结果保存起来。在计算机的存储中存入不同的程序，计算机就可以完成不同的任务，具有不同的功能。

4. 自动化

自动连续进行高速运算是计算机最突出的特点。借助计算机具有的存储记忆和逻辑判断特性，可以将人们预先编好的程序组存储起来，计算机就可以严格按照程序规定的步骤，连续、自动地工作，不需要人工干预。

1.1.3　计算机的发展

从 1946 年第一台电子计算机问世以来，计算机技术持续保持着迅猛发展的势头，随着计算机制造工艺的提升，其采用的电子器件体积不断缩小，运算速度越来越快，功能逐渐增强。通常按照计算机所采用电子器件的不同，可以将计算机的发展划分为四代，即电子管时代、晶体管时代、集成电路时代、大规模或超大规模集成电路时代。由于计算机在人工智能领域的应用，以及神经元网络的发展，又把这些计算机发展的新形式定义为人工智能计算机和神经元计算机。

1. 电子管时代（1946—1957 年）

第一代计算机使用的电子器件是电子管（图 1.5）。其使用光屏管或汞延时电路作存储器，输入与输出主要采用穿孔卡片或纸带，体积大、耗电量大、速度慢、存储容量小、可靠性差、维护困难且价格昂贵。通常使用机器语言或者汇编语言编写应用程序。这一时代的计算机主要用于科学计算。1951 年，UNIVAC 继第一台电子计算机 ENIAC 之后推出，这是第一个批量生产的计算机，从此计算机走出实验室，开始服务于大众。

2. 晶体管时代（1957—1964 年）

第二代计算机使用的电子器件是晶体管（图 1.6）。其使用磁芯或磁鼓作存储器，在整体性能上比第一代计算机有了很大的提高。开始使用如 Fortran、Cobol 等计算机程序设计高级语言。晶体管计算机被用于科学计算的同时，也开始在数据处理、过程控制方面得到应用。有代表性的商用机型为 IBM 7094。

图 1.5　电子管　　　　　　　　　　　图 1.6　晶体管

3. 集成电路时代（1964—1971 年）

第三代计算机使用的电子器件是中小规模集成电路（图 1.7）。主存储器也渐渐过渡到半导体存储器，使计算机的体积进一步缩小，大大降低了计算机的功耗，同时进一步提高了计算机的可靠性。使用标准化的程序设计语言和人机会话式的 Basic 语言，其应用领域又得到扩大。1964 年投入巨资研发的 IBM S/360 为这一时代的代表，其具有极强的通用性，适用于各种需求的用户。

4. 大规模或超大规模集成电路时代（1971 年至今）

第四代计算机使用的电子器件是大规模或超大规模集成电路（图 1.8）。使用集成度更高的大容量半导体存储器作为内存储器。计算机的体积更小、耗电量更低、可靠性更高、性能进一步提高。其发展了并行技术和多机系统，出现了精简指令集计算机（Reduced Instruction Set Computing，RISC），用户界面更加友好，使用面向对象的程序设计语言。由于价格的大幅度下降，使得计算机开始走向寻常百姓，应用范围再次扩大，几乎所有领域都有计算机的身影。代表机型有苹果公司的 APPLE-II 和 Macintosh、IBM 公司的 PC/AT286 等。

图 1.7　集成电路　　　　　　　　　　图 1.8　大规模集成电路

5．人工智能计算机时代（1981 年起出现）

第五代计算机是把信息采集、存储、处理和通信同人工智能结合在一起的智能计算机系统。它能进行数值计算或一般的信息处理，主要能面向知识处理，具有形式化推理、联想、学习和解释的能力，能够帮助人们进行判断、决策、开拓未知领域和获得新的知识。人机之间可以直接通过自然语言（声音、文字）或图形图像交换信息。1981 年 10 月，日本首先宣告开始研制第五代计算机。第五代计算机是为适应社会信息化的要求而提出的，与前四代计算机有着本质的区别，是计算机发展史上的一次重要变革。目前被广泛应用的智能移动设备就是这类计算机的代表。

6．神经计算机时代

第六代计算机是模仿人类大脑结构而构造的，能够完成类似人脑功能的计算机系统，比如基于人造神经元网络的神经元计算机和以生物电子元件构建的生物计算机。神经元计算机的联想式信息存储、对学习的自然适应性、数据处理中的平行重复现象等性能，较以往的计算机都更加有效，在国防领域将能发挥重要作用。生物计算机使用蛋白质制成的计算机芯片，一个存储点只有一个分子大小，存储容量可以达到普通计算机的 10 亿倍；由蛋白质构成的集成电路，大小只相当于硅片集成电路的十万分之一，而且运行速度更快，大大超过人脑的思维速度，应用领域值得期待。

1.2　计算机应用领域

计算机按照不同的分类方式可以划分为多种类型，其应用领域涉及人类生产生活的各个方面。

1.2.1　计算机的分类

计算机及其相关技术的进步使得计算机类型不断分化，形成了各种不同类型的计算机。

1．按用途分类

按照用途可以把计算机分为通用计算机和专用计算机两大类。

（1）通用计算机。通用计算机是目前广泛应用的一类计算机，采用标准设计，用途广泛，可以用来解决各种类型的问题，比如标配的个人计算机，既可以用于日常办公，又可以进行一般科学研究和简单图像处理。

（2）专用计算机。专用计算机是专门为某种特定目的而制造的计算机，结构相对简单，适用于某种特殊用途，如商场收银机、工业控制计算机等，针对具体应用而设计，能够高效处理目标问题。

2. 按综合性能指标分类

按照综合性能指标可以把计算机分为巨型机、大型机、小型机、工作站、微型计算机和嵌入式计算机。

（1）巨型机。巨型机又称作超级计算机，是计算机中性能最好、运算速度最快、存储容量最大的计算机，具有很强的计算和数据处理能力，其运算速度平均每秒达到 1000 万次以上，存储容量在 1000 万位以上。超级计算机的研制，标志着一个国家的科技发展水平，我国先后推出了"银河""天河二号""神威•太湖之光"等巨型机，其中第一台全部采用国产处理器构建的"神威•太湖之光"（图 1.9），每秒可以完成 9.3 亿亿次浮点运算，峰值性能

图 1.9　"神威•太湖之光"

能够达到 12.5 亿亿次每秒，处理能力在世界名列前茅。大数据时代的到来，使得超级计算机在未来信息化发展中扮演举足轻重的角色，在国防科技、航天卫星、工业制造等领域发挥重要作用。

（2）大型机。大型机的性能低于巨型机，运算速度可达每秒千万次。大型机使用专用的操作系统和应用软件，具备很强的输入/输出处理能力；同时大量采用冗余技术，具有很好的安全性和稳定性。大型机的构架使其更擅长数据处理，更多地应用于商业领域，如银行、电信和保险等行业。

（3）小型机。小型机的软硬件系统规模小于大型机，价格更低廉，也使用专用的操作系统，可以同时执行上百个终端用户的指令，具有高可靠性、高可用性和高服务性的特点，在证券、交通等可靠性要求高的场景中得到应用。

（4）工作站。工作站是以个人本地环境和分布式网络环境为基础而设计的性能高于微型计算机的一类多功能计算机。工作站本地具有友好的人机交互界面，并且可以通过网络与其他地理位置的工作站或计算机交换信息和共享资源。工作站根据其特定的硬件配置和对应的软件系统，能够应用于不同的工作需要，如最常见的配备超高性能显卡的图像处理工作站，在计算机辅助设计与制造、地理信息系统、动画制作等领域有较好的应用。

（5）微型计算机。微型计算机又称个人计算机（Personal Computer，PC），也称电脑，主要部件由大规模集成电路构成，具有体积小、灵活性大、价格便宜、使用方便等特点，是目前个人使用计算机的主要形式。

微型计算机的发展依赖于其重要部件微处理器性能的提升，其发展分为六个阶段：第一阶段(1971—1973 年)是 4 位和 8 位低档微处理器时代，典型产品是 Intel 4004 和 Intel 8008，系统结构和指令系统都比较简单，主要采用机器语言或简单的汇编语言，用于简单的控制场合；第二阶段(1971—1977 年)是 8 位中高档微处理器时代，典型产品是 Intel 8080/8085、Motorola 公司的 M6800，集成度提高约 4 倍，运算速度提高约 10~15 倍，指令系统比较完善，使用单用户操作系统；第三阶段（1978—1984 年）是 16 位微处理器时代，典型产品

是 Intel 公司的 8086/8088、Motorola 公司的 M68000 以及后期推出的 80286，集成度和运算速度都比第二代提高了一个数量级，指令系统更加丰富、完善；第四阶段（1985—1992年）是 32 位微处理器时代，典型产品是 Intel 公司的 80386/80486、Motorola 公司的 M69030/68040 等，集成度高达 100 万个晶体管，每秒钟可完成 600 万条指令，可以胜任多任务和多用户的作业，使微型计算机的应用扩展到商业办公、工程设计、个人娱乐等更多领域；第五阶段（1993—2005 年）是奔腾（Pentium）系列微处理器时代，典型产品是 Intel 公司的奔腾系列芯片及与之兼容的 AMD 的 K6 系列微处理器芯片，具有相互独立的指令和数据高速缓存，使微型计算机在网络化、多媒体化和智能化应用等方面成为可能；第六阶段（2005 年至今）是酷睿（Core）系列微处理器时代，"酷睿"的特点是出众的性能和能效，典型产品是 Intel 公司的酷睿 2，以及后续推出的酷睿 i3、i5 和 i7，使微型计算机性能再次得到迅速提升，其使用场景渗透到人类生活的各个方面。

微型计算机的应用表现有多种形式，包括台式计算机、便携式计算机、电脑一体机、掌上电脑和平板电脑等。台式计算机是指主机和显示器等部件相对独立，需要放置在电脑桌等工作台面上使用的设备，是目前最常见的一种微型计算机类型；便携式计算机又称笔记本电脑，较台式计算机体积小、重量轻、便于携带，由于可移动的特点，使得其电池续航能力和环境适应性成为用户关注的要点；电脑一体机是将计算机主机和显示器的功能集于一身，表面看一台显示器即是一台计算机，简化计算机部件之间的连接，集成度更高；掌上电脑是一种运行在嵌入式操作系统和内嵌式应用软件之上的、小巧、轻便、易带、实用、价廉的手持式计算设备，可以用来管理个人信息（如通讯录、计划等），还可以上网浏览页面、收发邮件，甚至还可以当作手机来用；平板电脑是一款无须翻盖、没有键盘、大小不等、形状各异，却功能完整的电脑，除了拥有笔记本电脑的所有功能外，还支持手写输入或语音输入，移动性和便携性更胜一筹。

（6）嵌入式计算机。嵌入式计算机是指针对某个特定的应用而设计的计算机，一般由嵌入式微处理器、外围硬件设备、嵌入式操作系统以及用户的应用程序等四个部分组成。嵌入式计算机的构架是以应用为目标，筛选必要的软硬件，生成符合功能需求，且具备高可靠性、高性价比的专用计算机系统。嵌入式计算机系统广泛应用于电子设备，如智能手机、机器人、无人机、导航系统等。

1.2.2　计算机的应用

随着计算机技术的飞速发展，计算机的应用领域早已渗透到社会的各行各业，给人们的工作、学习和生活带来了不小的变化，推动着社会的进步，同时扮演着越来越重要的角色。归纳起来，计算机的应用领域主要表现在如下方面。

1. 科学计算

科学计算又称作数值计算，是指应用计算机处理科学研究和工程技术中所遇到的数学计算。解决复杂和庞大数据量的计算问题，使用一般的计算工具很难完成，而利用计算机来处理就变得非常容易，所以计算机产生之初主要用于科学计算，如今科学计算仍然是计算机应用的重要领域，如天体物理、航空航天、气象预报和建筑设计等。

2. 数据处理

数据是数字、符号、文本、声音、图形和图像等各种媒体信息的集合，数据处理是指对上述各种数据进行采集、存储、整理、加工、分析、检索和传送等一系列活动的统称。数据处理在各行各业的计算机应用中占有重要地位，据统计，每天有 80%以上的计算机用于数据处理。数据处理的目的可以是简单的文件管理，也可以是集多种数据的数据库管理系统，抑或是多媒体信息的编辑整合，数据处理已广泛应用于办公自动化、图书情报检索、财务管理和电影电视动画设计等领域。

3. 过程控制

过程控制又称实时控制，即利用计算机实时采集检测数据，根据需要选取最佳取值对控制对象进行自动调节或自动控制。用计算机实现过程控制，可以有效降低人为因素的干扰，及时准确处理问题，提升自动化管理水平，改善从业人员劳动条件，提高产品质量及合格率。计算机过程控制在机械制造、纺织生产、石油化工等领域得到很好的应用。

4. 辅助系统

计算机辅助系统是利用计算机技术辅助完成不同类型任务的系统的总称，不同种类的任务使用各自不同的软件来完成。计算机辅助系统包括计算机辅助设计（Computer Aided Design，CAD）、计算机辅助制造（Computer Aided Manufacturing，CAM）、计算机辅助教学（Computer Aided Instruction，CAI）、计算机辅助测试（Computer Aided Test，CAT）、计算机辅助翻译（Computer Aided Translation，CAT）、计算机辅助工程（Computer Aided Engineering，CAE）、计算机集成制造（Computer Integrated Manufacturing Systems，CIMS）等系统。

计算机辅助设计是指应用计算机辅助设计软件来帮助设计人员完成各种设计工作。如高铁、建筑以及电子产品的设计，通过计算机制图，高效精准。

计算机辅助制造是指利用计算机控制机械制造设备自动完成产品的加工、装配、检测和包装等制造过程。如汽车制造、家用电器生产等，计算机控制整条流水线，极大地提高了生产效率。

计算机辅助教学是指在计算机的帮助下进行各种教学活动。灵活运用多媒体和网络技术，提供远程且个性化的教学环境，录播课程可以反复观看，课中课后测试随时进行，学习效果一目了然。计算机辅助教学克服了传统教学模式单一的缺点，对提高教学质量和教学效率起到了很好的促进作用。

5. 电子商务

电子商务（Electronic Commerce，EC）是指通过互联网平台进行的商务活动。电子商务所借助的电子工具包括电话、广播、电视、传真、计算机、移动设备等，商务活动涉及全球范围的各种行业，电子商务活动内容涵盖供应链管理、电子交易、网络营销、存货管理、在线事务处理和自动数据收集等商务过程。如亚马逊、淘宝、京东、当当等电商平台所从事的商务活动。

6. 人工智能

人工智能（Artificial Intelligence，AI）是指利用计算机来模拟人的某些思维过程和智能行为的科学。人的思维活动是多样和复杂的，比如学习、推理、判断、规划等，研究人工智能，从计算机实现智能的原理开始，触及自然科学和社会科学的多个学科，随着计算机的发展和时代的进步，不断调整研究目标。如各种用途的智能机器人、人脸识别、自动驾驶、专家系统等都是人工智能的产物。

7. 虚拟仿真

虚拟仿真（Virtual Reality，VR）是利用计算机创建的、模仿一个真实系统的技术。使用者借助头盔和手套等装备，通过视觉、触觉和听觉等感知虚拟世界，并与之产生交互，产生沉浸式体验。虚拟仿真是计算机技术与多媒体技术、三维显示技术、传感技术、人机接口技术等多种技术的结合，在城市建设、工业、教育和娱乐等方面都有很好的应用，如城镇规划效果仿真、灾难演练、装配技能学习、三维游戏等。

1.3　计 算 机 系 统

计算机是人类科技发展的产物，是人类的智慧助手，计算机系统能够按照人的要求接收和存储信息，自动进行数据处理和计算，并输出结果信息。一个计算机系统主要由硬件系统和软件系统两大部分构成，硬件系统是借助电、磁、光、机械等原理构成的各种物理部件的有机组合，是计算机赖以工作的实体，又称裸机。软件系统是指在实体硬件的基础之上运行的各种程序、数据和文件，用以指挥计算机按照特定的规则或要求进行工作，达到提高工作效率、辅助科学研究等目的。计算机系统的组成如图 1.10 所示。

1.3.1　计算机硬件

从第一台计算机 ENIAC 诞生至今，尽管构成计算机的电子器件从电子管到超大规模集成电路，体积逐渐变小，性能不断提升，但计算机硬件系统的基本结构没有发生变化，仍然属于冯·诺依曼体系计算机。

1. 计算机的组成

计算机硬件系统由运算器、控制器、存储器、输入设备和输出设备五部分组成，彼此之间通过总线进行连接，完成信息传送。计算机硬件系统结构如图 1.11 所示。

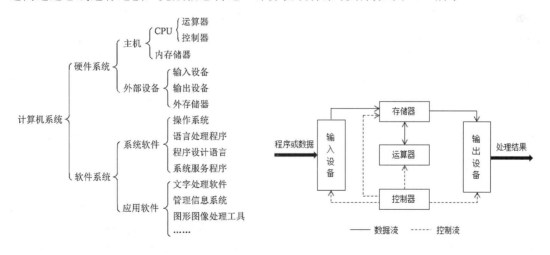

图 1.10　计算机系统的组成　　　　　图 1.11　计算机硬件系统结构

（1）运算器。运算器是计算机硬件中对数据进行运算和处理的部件，由通用寄存器、状态寄存器、累加器和算术逻辑单元构成，主要进行加、减、乘、除等算术运算以及与、非、或等逻辑运算。运算器工作时，从存储器中取数据进行处理，处理后的结果一般再返回存储器保存。运算器是 CPU 的重要组成部分。

（2）控制器。控制器是计算机中指挥各个部件自动有序工作的核心部件，由指令寄存器、指令译码器、指令计数器、时序发生器和操作控制器组成。控制器取到指令后进行分析，翻译成控制信号，并在规定的时间点将控制信号发送到相关部件，以使计算机各部件高速协调工作。控制器是 CPU 的另一个重要组成部分。

（3）存储器。存储器是计算机中存放程序、数据和文档的介质，一般分为内存储器和外存储器两类。

内存储器简称内存，用来存放正在执行的程序、数据和文档。按照存储器的读写功能，内存又可分为随机存储器（RAM）和只读存储器（ROM）。大家常说的内存即是随机存储器，它是计算机的工作区，与 CPU 频繁交换数据，进行读写操作，但是一旦断电，数据不会被保存，即刻丢失。只读存储器用来保存系统引导程序等专用程序，由厂商固化在存储器中，存储的内容是固定不变的，只能读出而不能写入，所以不会因为断电而丢失数据。

外存储器用于永久存放程序、数据和文档，其保存的内容不能直接使用，只有调入到内存中才可应用。常见的外存储器有固定硬盘、移动硬盘、优盘、光盘等。近年来，存储技术和网络应用发展迅速，云存储应运而生，不占用本地资源，不需要本地维护，为广大用户带来更大的存储空间，同时便捷的访问方式，提高了存储效率。

（4）输入设备。输入设备是人们和计算机进行交流的入口，借助输入设备，把用户的需求和数据录入到计算机中存储和处理。计算机能够接收各种不同类型的数据，如数值、图形、图像、声音等都可以通过不同类型的输入设备输入到计算机中。常见的输入设备有键盘、鼠标、光笔、扫描仪、触摸屏、语音识别装置和指纹识别装置等。

（5）输出设备。输出设备是把计算机处理的结果呈现出来的装置，是计算机系统的终端设备。计算机的处理结果可以是数值、图形、图像、声音等多种类型，输出设备也对应有不同的形式，常见的输出设备有显示器、打印机、绘图仪、音响和投影仪等。

（6）总线。总线是计算机中各部件（CPU、内存、输入设备、输出设备等）之间传送信息的公共通道，是连接各个部件的一组信号线，一般固化在主板上。计算机的总线主要划分为数据总线、地址总线和控制总线几类，分别用来传输数据、数据地址和控制信号。计算机主机部件通过总线相连，外部设备通过各自的接口电路连接到总线上，从而形成完整的计算机信息交互通道。

2. 计算机的工作原理

计算机工作时需要运行程序，程序由一条一条指令按次序排列组成，程序的运行就是指令逐条执行的过程。

（1）指令和指令系统。指令是计算机完成特定操作的命令，通常一条指令由操作码和操作数两部分构成，操作码代表要执行的操作，操作数则指参加运算的数据及其所在的地址。计算机指令用二进制编码表示。指令在执行时，先由 CPU 发出指令地址，然后从地址寄存器中读取指令，将指令送往指令寄存器，指令寄存器中的操作码经译码器分析产生相应的操作控制信号，送往各个执行部件，按指令操作码执行具体操作，最后修改程序计数器的值，形成下一条要取指令的地址。

指令系统是一台计算机所能执行的各种不同指令的集合。每一台计算机均有自己特定的指令系统，不同类型计算机的指令种类、内容、数量和格式有所不同，故指令系统不尽相同。无论哪种指令系统，所包含的指令类型有算术运算型、逻辑运算型、数据传送型、判定和控制型、移位操作型、位（位串）操作型、输入和输出型等。由于指令系统的优劣直接影响计算机的性能和功能，因此一个良好的指令系统应具备如下条件：首先要完备，功能齐全且使用方便；其次要高效，占用存储空间小且运行速度快；再次要规整，指令格式和数据格式一致，方便处理；最后要兼容，低档机上运行的程序能够在高档机上直接运行。

（2）程序和程序运行。程序又称软件，是一组计算机能识别和执行的由多条指令所组成的指令序列。计算机程序使用程序设计语言编写，其源代码通过编译、链接，转换为机器能接受的指令。根据用途不同，计算机程序一般分为系统程序和应用程序两大类。系统程序用于计算机启动加载，是计算机使用的基础平台，如操作系统、编译程序等。应用程序用于解决某一类实际问题，如办公软件、图像编辑软件等。

程序需要在其自身所限定的体系结构上运行，加载程序代码和数据，调用启动机制，以得到所需要的结果。系统程序与计算机硬件交互，控制计算机各部件的动作，完成系统初始化、读写等操作；应用程序于系统程序之上运行，完成用户的信息处理、工程运算等目标任务。

3. 计算机主机及其外部设备的结构及性能指标

计算机主机箱内部的主要部件包括 CPU、主板、内存、硬盘、光驱和显卡，常用外部设备有键盘、鼠标、显示器和打印机，下面分别来看它们的主要性能指标。

（1）CPU。CPU 是计算机的核心部件，其本身是一块超大规模集成电路，其性能直接反映计算机的性能（图 1.12）。CPU 的主要性能指标有主频、外频、倍频和高速缓存等。

主频是 CPU 内数字脉冲信号的振荡速度，即 CPU 工作的时钟频率，简称为 CPU 的工作频率，单位是赫兹（Hz）。主频越高，CPU 的运算速度就越快，常用 CPU 的主频作为计算机的重要性能指标。

外频是系统总线的工作频率，是 CPU 与主板之间同步运行的速度。外频越高，CPU 可以同时接受来自外部设备的数据就越多，则计算机系统的运行速度就会更快。

倍频是 CPU 主频和外频之间的倍数，它们之间的关系是：主频=外频×倍频。在外频一定时，高倍频的 CPU 性能更好。

高速缓存（Cache），是位于 CPU 与内存之间的临时存储器，容量比内存小，但速度比内存快很多。当 CPU 向内存发出访问请求时，先会查看缓存内是否有所要数据。如果有，就直接返回数据；如果没有，则要把内存中的相应数据先放入缓存，然后再将其返回 CPU 处理。高速缓存的存在可以有效地加快 CPU 的读取速度。

（2）主板。主板是计算机的重要部件之一，用于连接计算机当中的其他各个部件，维系计算机内存、外存以及其他输入输出设备的正常工作，其性能在一定程度上决定了计算机的整体性能以及扩展能力（图 1.13）。主板与 CPU 相匹配，CPU 的重大升级必然导致主板的更新换代。

芯片组是主板的灵魂，决定了主板的性能和功能。芯片组包括北桥芯片和南桥芯片。北桥芯片是系统控制芯片，主板支持什么 CPU、什么样的显卡、什么类型的内存，都是由北桥芯片决定。南桥芯片主要决定主板的功能，主板上的各种接口，如 PS/2、USB、PCI

总线、IDE 和主板上的集成显卡等其他集成芯片，都由南桥芯片决定。随着计算机技术的发展，北桥的功能也可能包含在 CPU 的构架中。

图 1.12 Intel Core i9 CPU

图 1.13 华硕 Z490 主板

BIOS（BASIC Input/ Output System）是一组被固化在主板的只读存储器中、为计算机提供最底层的硬件控制的程序，是系统软件和硬件设备之间沟通的桥梁。

主板上有 CPU 插座、内存插槽以及一些扩展插槽，扩展插槽供计算机外围设备的板卡插接，可以通过更换这些板卡，提升计算机的局部性能，使计算机的配置更具灵活性。

主板结构是指主板上各元器件的布局排列方式。为保证主板和其他计算机部件的便捷连接，对主板上各元器件的尺寸、形状和所使用的电源规格等制定出了国际标准，所有主板厂商都必须遵照执行。

（3）内存。计算机的内存储器一般分为随机存储器（RAM）、只读存储器（ROM）和高速缓存（Cache）三类。

ROM 用于存放计算机的启动程序，这些启动程序由厂商固化在芯片上，计算机断电后，数据不会丢失。Cache 介于 CPU 和 RAM 之间，用于提高数据访问速度。RAM 是通常所说的内存，是计算机中数据暂存的区域，断电后数据不能保存。计算机中所有正在运行的程序和数据都存放在内存上，由于内存的性能对计算机关系重大，故经常把内存的参数作为计算机的重要指标。

RAM 以内存条的形式插接在主板上，其性能指标主要是存储容量和速度。容量用字节表示，从 8M、16M 发展到 4G、8G。速度即内存所能达到的最大工作频率，用兆赫兹（MHz）表示，如 DDR4 型 RAM 工作频率为 2400MHz。

（4）硬盘。硬盘是计算机中的主要存储设备，标配的硬盘都是固定式硬盘，目前主要有机械硬盘和固态硬盘两类。

机械硬盘使用较早，由一个或多个铝制或者玻璃制的碟片组成，碟片外覆盖磁性材料，工作时硬盘的主轴电机带动盘片高速旋转，同时磁头电机驱动磁头做直线运动以寻址和读写数据（图 1.14）。机械硬盘的主要参数是磁盘容量，早期计算机的磁盘容量只有 40M，而现在标配的磁盘容量可达 1T。转速是硬盘的另一个指标，即每分钟转多少转（r/min），台式计算机有 5400r/min 和 7200r/min 两类，速度高的数据读取速度快。

固态硬盘（Solid State Disk，SSD）是用固态电子存储芯片阵列制成的硬盘，在 20 世纪 80 年代末出现，随着技术的进步，近几年开始在个人计算机中配置（图 1.15）。

固态硬盘在接口、功能及使用方法上与机械硬盘完全相同，在外形和尺寸上也完全一致。固态硬盘相比机械硬盘具有其优势。首先，固态硬盘不用磁头，故寻址和读写速度更快；其次，固态硬盘内部不存在任何机械部件，所以具备良好的防震性能；再有，固态硬盘没有电机，工作时无噪声。台式计算机也有使用固态硬盘做标配的，然而，在价格上机械硬盘更具优势，同样价格的计算机，配置固态硬盘的要比使用机械硬盘的容量低很多。

除了固定式硬盘，还有一类硬盘叫作移动式硬盘，主要指采用 USB 接口与计算机相连，可以随时插上或拔下，且存储容量更大，同时 USB 3.0 接口传输速率为 625MB/s，可以较高的速度与系统进行数据传输（图 1.16）。移动式硬盘兼容性好、体积小、质量小，适合较大数据量的移动办公需要。

图 1.14　机械硬盘　　　　图 1.15　固态硬盘　　　　图 1.16　移动式硬盘

（5）光驱。光驱即光盘驱动器，是计算机用来读写光盘内容的装置，从早期的只读 CD-ROM，到只读 DVD-ROM，再到后来的可擦写 DVD-RW 等，是计算机的标配或选配部件。光驱是一个结合光学、机械及电子技术的产品，工作时由光电管和聚焦透镜等组成的发光部件，在齿轮和导轨等机械部分的配合下，根据系统信号确定并读取光盘数据，再将数据传输到系统。在计算机的发展过程中，光驱曾以其远大于硬盘的存储容量在存储设备中占有重要地位，但随着磁盘存储容量的不断增长及其使用的便捷性，以及移动存储、云端存储的迅猛发展，使得光驱的使用逐渐边缘化。

（6）显卡。显卡负责将计算机呈现的内容进行输出，是计算机数据运算和显示结果的桥梁。显卡中的重要部件是显示芯片，又叫作图形处理器（Graphic Processing Unit，GPU），在处理三维等复杂图形时，主要工作均由显示芯片完成，其性能决定了显卡的优劣。显存是显卡的另一个主要部件，负责存储显示芯片需要处理的各种数据，其容量和性能直接影响显示效果。显卡连接显示器端的接口有多种类型，常用的有较早采用 VGA 以及目前常见的数字接口 HDMI、DVI 和 DP。常用显卡主要有集成显卡和独立显卡两类。

集成显卡是将显示芯片、显存及其相关电路都固化在主板上，不用再单独购买显卡。虽然集成显卡具有功耗低、发热量小、价格便宜的优点，但显示效果与处理性能相对较弱，并且其本身无法更换，如果想升级，只能重新换主板。

独立显卡（图 1.17）将显示芯片、显存及其相关电路单独做在一块电路板上，作为一块独立的板卡，插接在主板上，需要占用主板的一个扩展插槽。独立显卡使用的扩展插槽早期有

ISA、PCI，后来是 AGP，现在主流是 PCI-E。虽然采用独立显卡要多花一些费用，但可以得到更好的显示性能和使用灵活性，一般游戏玩家和 3D 渲染工程师在选择显卡时对性能有特殊的要求。

显存的大小是显卡选购时主要关注的性能指标，显存越大，支持的分辨率越高，显示数据的处理能力越强，显示速度越快，目前标配显存都在 2G 以上。高级用户还会同时关注显卡的核心频率或显存频率、显存类型和显存位宽，这些参数可以对显卡性能产生影响。

（7）键盘。键盘是计算机最早和最主要的输入设备，通过键盘可以将英文字母、数字、标点符号等输入计算机，借助这些输入的内容，向计算机发出工作指令或录入数据。

台式计算机键盘的按键个数早期是 84 键，后根据使用需要增加到 101 键、102 键、104 键和 107 键等，101 键形成了基本稳定的结构，在此基础上又派生出一些添加系统功能键位的键盘。便携式计算机的键盘受体积所限，去掉了数字小键盘区，按键数一般在 80 个左右。

按照工作原理，可以将键盘分成机械键盘、薄膜键盘和静电容键盘三大类。机械键盘采用接触式开关，按下时使触点导通，制作工艺简单、容易维护，但敲击时声音较大。薄膜键盘使用薄膜开关，由面板、上电路、隔离层、下电路四层结构组成，无机械磨损，成本低、噪音低。静电容键盘采用电容式开关，利用电容容量的变化来判断按键的开合，没有物理接触点，没有磨损。

按照连接方式，还可以将键盘分为有线键盘和无线键盘。有线键盘早期采用大的 AT 接口，后来使用时间比较长的是较小的 PS/2 接口，近年也有采用通用 USB 接口的键盘。无线键盘通过无线电波向计算机主机传送信息，计算机和键盘之间没有连接线，但需要在主机端内置或外接无线信号接收装置，使用更加灵活便捷。

长时间操作键盘，很容易疲劳，为了有更舒适的使用体验，出现了人体工程学键盘（图 1.18），增加了掌托，且键位从中间展开一定角度，更加符合人的双手自然放置在键盘上的角度。

图 1.17　NVIDIA QUADRO P400 显卡　　　　　图 1.18　人体工程学键盘

（8）鼠标。鼠标是计算机的另一种常见输入设备，形似老鼠故称鼠标，1964 年由美国加州大学伯克利分校的道格拉斯•恩格尔巴特博士发明，通过显示计算机系统横纵坐标的定位指示来取代键盘，免除使用键盘输入指令的烦琐操作。1984 年苹果公司推出的个人计算机 Macintosh 配备了图形用户界面和鼠标，使鼠标逐渐流行起来，并最终成为计算机的标准配置。

根据连接方式，鼠标可分为有线鼠标和无线鼠标两大类。

　　有线鼠标按照接口类型的不同，又可分为串行鼠标、总线鼠标、PS/2 鼠标、USB 鼠标四种。串行鼠标是通过串行口与计算机相连，有 9 针接口和 25 针接口两种；总线鼠标的接口在总线接口卡上；PS/2 鼠标通过一个六针微型 DIN 接口与计算机相连，与键盘的 PS/2 接口近似，使用时需加以区分；USB 鼠标则直接插在计算机的 USB 口上。

　　无线鼠标（图 1.19）按照信号发生频率分为 27MHz 和 2.4GHz 两类，使用国际通用免费频段。27MHz 的无线鼠标，发射距离 2m 左右，信号不稳定；2.4GHz 的无线鼠标，接收信号的距离在 7～15m，信号相对比较稳定。较常采用的蓝牙鼠标属于 2.4GHz 的无线鼠标，在 2.4GHz 基础上增加了特定协议，且其通用性更好。无线鼠标使用的通信频率与无线键盘不同，不会产生混淆。

　　（9）显示器。显示器是计算机最主要的输出设备，是能够将电子文件通过特定传输通道显示到屏幕上的装置。

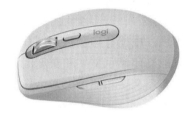
图 1.19　无线鼠标

图 1.20　便携式液晶显示器

　　根据显示方式的不同，可以将显示器分为阴极射线管显示器（CRT 显示器）和液晶显示器（LCD 显示器）两大类。

　　CRT 显示器是早期计算机的标配显示器，靠电子枪发射的电子束激发屏幕内表面的荧光粉来显示图像，颜色从单色到伪彩再到真彩，屏幕从球面到柱面再到平面直角，虽然具有可视角度大、色彩还原度高、响应时间极短等优点，但因其体积相对庞大，目前已经退出市场。

　　LCD 显示器（图 1.20）具有体积小、辐射小的优点，其内部的液晶粒子整齐地排列在一起，每个粒子都包含有红、绿、蓝三原色，亦能产生任意其他颜色。显示器的显示装置根据收到的显示数据，控制每个液晶粒子转动的角度，形成各种显示画面。液晶粒子本身不发光，需要背光源才能显示图像，常见背光源有冷阴极荧光灯（CCFL）和发光二极管（LED），LED 液晶显示器色彩更鲜艳、亮度更高、寿命更长、能量消耗更少。分辨率、亮度、对比度和响应时间是液晶显示器的主要技术参数，其中分辨率是指屏幕所包含的像素数，使用水平方向像素点数和垂直方向像素点数的乘积来表示，如 1280×1024，表示水平方向有 1280 个像素点，垂直方向有 1024 个像素点，分辨率越高，图像包含的像素数就越多，显示的画面就越清晰。

　　（10）打印机。打印机是计算机的一种主要输出设备，诞生于 20 世纪 70 年代末，用于将计算机处理的结果以数字、字母、符号和图形等形式，按照规定的格式输出在纸张等相关介质上。

　　根据工作方式可以将打印机分为击打式打印机和非击打式打印机两大类。

击打式打印机有全形字打印机和针式打印机两种类型。全形字打印机的结构类似打字机,一个字符需要一个固定大小的字模打印锤,可在计算机控制下自动输出打印结果,但打印文字有局限性。针式打印机由纵横排列的针组成字符,可以输出任意字符,从 9 针×9 针到 24 针×24 针,针数越多精度越高。针式打印机在打印机应用的早期被广泛使用,其打印耗材是色带,虽价格低廉,但因噪声较大和针式结构对于高质量打印的限制,目前只有在银行、超市等票据打印的场合才可以见到它的踪迹。

非击打式打印机主要有喷墨打印机和激光打印机两种类型。它们都是通过喷射墨点来印刷字符和图形,打印精度由每平方英寸内的墨粉点数(DPI)决定,点数越多精度越高。喷墨打印机的耗材是墨盒和墨水,价格相对较低,因此家用等中低端应用更多选择喷墨打印机;激光打印机的耗材是硒鼓和墨粉,打印机及耗材的价格均相对较高,同时其打印速度更快,故激光打印机因其高效的打印效果被应用于当今办公领域。

打印机的类型还可以按照打印幅面和打印颜色等进行其他形式的划分。根据打印幅面可以分为 A4、A3 和大幅面绘图仪几种类型,A4 为常见办公尺寸,A3 可打印大幅张贴材料、试卷等,而大幅面绘图仪用于绘制建筑、机械等图纸。根据打印颜色可以分为黑白打印机和彩色打印机,黑白打印机只能安装黑色耗材,只能打印黑色文字和灰度图形;彩色打印机安装有黑、蓝、红、黄四色耗材,可打印黑色或彩色文字和图形,彩色打印机较黑白打印机价格更高。

图 1.21　3D 打印机

打印机与计算机的接口有多种形式,一台打印机可以有多种连接方式。早期有串行接口和并行接口,后者采用较多;随着通用接口技术的发展,USB 接口打印机被广泛应用;网络接口打印机可以让局域网中的多人共享一台打印机,如果没有网络接口打印机,也可以将本地打印机连接到一台计算机做打印服务器,同样可以实现网络打印功能;无线连接的便捷性,使得无线 Wi-Fi 打印成为新宠。

打印机还有其他的形式,如多功能一体机和三维打印机。多功能一体机是在原有单一打印功能的基础上,同时又集成了复印、扫描等功能,多种功能于一机,家用、办公更高效。三维打印机即 3D 打印机(图 1.21),诞生于 20 世纪 80 年代中期,运用粉末状金属或塑料等可黏合材料,通过多层打印制造三维物体,可用于模具制造、工业设计和建筑工程等领域,近年开始有实用产品。

打印机的主要技术参数有分辨率、打印速度和首页出纸速度。分辨率即打印精度,分辨率越高打印精度越高。打印速度指每分钟打印多少页;首页出纸速度指在打印命令发出后,多长时间开始打印第一页内容,两者都是标志打印机性能的指标。

1.3.2　计算机软件

1. 计算机的系统软件

计算机的系统软件主要包括操作系统、语言处理程序和工具软件三个部分。

(1)操作系统。操作系统(Operation System,OS)是用于管理和控制计算机硬件资源和软件资源的一组程序。最初的计算机没有操作系统，人们通过各种按钮对计算机进行控制，随着计算机硬件技术的发展，20 世纪 70 年代中期开始出现微型计算机操作系统。操作系统是最基本也是最重要的基础性系统软件，是计算机硬件的第一次扩充，负责管理内存、控制输入设备和输出设备、配置网络等基本操作。操作系统也是其他应用程序和用户与计算机硬件的接口，任何操作系统之外的应用程序需在操作系统之上安装运行，用户需要通过操作系统提供的界面与计算机进行交互。

操作系统的主要功能有：进程管理，包括进程的调度、处理器的分配和回收等；存储管理，包括存储的分配、共享、保护和扩充等；设备管理，包括设备的分配和控制等；文件管理，包括文件存储空间的管理、文件的操作和保护、文件夹的管理等；作业管理，包括处理用户提交的各种请求等。

操作系统按照不同的方式可以进行不同形式的分类。按照工作界面分为命令行界面操作系统和图形界面操作系统，早期的操作系统采用命令行界面，后发展为更易于操作的图形界面。按用户数分为单用户操作系统和多用户操作系统，一台计算机在同一时间只能有一个用户使用的系统称为单用户操作系统，如果在同一时间允许多个用户同时使用计算机，这样的系统称为多用户操作系统。按任务数分为单任务操作系统和多任务操作系统，一个用户在同一时间只能运行一个应用程序的操作系统称为单任务操作系统，用户在同一时间可以运行多个应用程序的操作系统称为多任务操作系统。按照系统功能又可分为批处理操作系统、分时操作系统、实时操作系统和网络操作系统。批处理操作系统是计算机早期的一种操作系统，系统自动批量处理用户作业，用户无法干预；分时操作系统可实现多用户和系统间的交互，处理机的运行时间被分成很短的片段，根据用户请求轮流分配给各自作业使用；实时操作系统能够在确定的时间内完成系统功能或响应外部命令，快速处理任务；网络操作系统是指能够提供网络通信和网络服务的操作系统。

常见的操作系统有 Microsoft Windows、Mac OS、UNIX、嵌入式操作系统和操作系统虚拟化等。

Microsoft Windows 系列操作系统源于微软公司的 MS-DOS 系统，1985 年推出第一个版本，后不断更新，其中 Windows NT、Windows 2000、Windows XP 和 Windows 7 等在其发展进程中都扮演过重要角色，目前 Windows 10 是其主流操作系统，可应用于计算机和平板电脑，在易用性上有更多提升。

Mac OS 系列操作系统仅用于苹果公司的计算机，1984 年与 Macintosh 系列计算机一同面世，是首个应用在商用领域的图形用户界面系统。较成熟的 Mac OS 测试版于 1997 年推出，后续版本延续了其自有多平台兼容的特点，支持计算机、平板等多种设备，同时占用内存更少。

UNIX 系列操作系统是一个强大的多用户、多任务操作系统，能够支持多种处理器架构，在服务器应用方面有很高的使用率。可实用的 UNIX 于 1971 年推出，后逐步完善，期间各路开发者在继承 UNIX 设计风格的基础上又演变出来多种被称为类 UNIX 的操作系统，如 1991 年发布的 Linux，因其开放源代码故在市场上很受欢迎。

嵌入式操作系统是一种用途广泛的系统软件，应用于嵌入式设备，负责对其全部软、硬件资源进行分配和控制调度，并且能够通过安装或卸载模块来达到系统所需要的功能。

嵌入式操作系统早在 20 世纪 60 年代就用于对电子机械电话交换的控制，到 20 世纪 90 年代末，随着掌上电脑和机顶盒等技术的日趋成熟，使得嵌入式操作系统得到迅速发展。目前使用较广泛的嵌入式操作系统有嵌入式 Linux、Windows Embedded、Android、iOS 等。

操作系统虚拟化是指应用虚拟化技术使多个应用在共享同一主机操作系统内核的环境下各自独立运行，主机操作系统为每个应用提供相互隔离的运行环境。这一技术近几年开始在某些教育、研究和办公等场景中被采用，在一定程度上提高了运维效率。

（2）语言处理程序。语言处理程序是一种特殊的翻译程序，用于将那些使用程序设计语言编写的源程序转换成计算机能够识别的机器语言，以使计算机能够运行。翻译程序在完成语言间的转换外，同时进行语法和语义等方面的检查，包括汇编程序、编译程序和解释程序三个部分。

（3）工具软件。这里所谓的工具软件是指使用计算机的过程中必不可少的一些应用程序，它们一般安装后占用空间不大，几兆或几十兆字节，每个软件基本是为专门应用需求设计，功能比较单一，部分可免费从网上下载使用并适时更新，如安全防范和杀毒类软件、文件压缩和解压类软件等。

2. 计算机的应用软件

应用软件是指为满足计算机用户的不同使用需求而设计，能够解决特定问题的计算机程序。

（1）办公软件。办公软件是指可以进行文字编辑、表格生成、幻灯片制作等方面工作的软件，广泛应用于日常工作和学习中，是撰写文档、制作报表和工作汇报的重要工具，互联网时代伴随移动办公的出现，使得办公软件从台式计算机走向移动端，掌握一种办公软件的使用成为走上任何工作岗位的必备技能。常用的办公软件主要有 Microsoft Office 套件以及 WPS Office 套件。Microsoft Office 套件由微软公司于 1985 年推出，有多种语言版本；WPS Office 套件由金山软件股份有限公司自主研发，1988 年发布，与 Microsoft Office 兼容。

（2）数据库管理系统。数据库管理系统（Database Management System，DBMS）是一种能够操控和管理数据库的大型软件，用于建立、使用和维护数据库。数据库管理系统的主要功能包括数据的定义、数据的录入和修改、数据的运行和存储、数据的维护和通信，以及数据的保护等。比较流行的数据库管理系统有 Oracle、Sybase、Microsoft SQL Server 和 MySQL、Microsoft Access 等产品。数据库管理系统的应用多种多样，小到一个单位的财务管理系统、人事管理系统，大到银行客户信息管理系统、电商运行管理系统等，都是数据库管理系统在发挥关键作用。

（3）图形图像处理软件。图形图像处理软件是指用于对图形或图像进行编辑的一类软件，在平面设计、广告制作以及影视创作等领域被广泛使用。随着近年来智能手机的发展，手机拍照性能的提升，移动端图像处理软件也得到了很好的应用。常用的图形图像处理软件有 Photoshop、Flash、会声会影、Premiere、CorelDRAW、ACDSee、光影魔术手、美图秀秀等。Photoshop 是一款功能强大并且最为流行的图像软件，用于对数字图像进行编辑、合成、调色以及制作特效。Flash 是一种二维动画制作软件，生成的矢量化文件占用存储空间较小，大量用于网页动画。会声会影是一款简单易用的视频编辑软件，能够实时进行视频抓取和剪接，可以在视频中叠加其他视频、声音、图片和文字，同时还可制作各种特效，生成多种格式的视频文件。

（4）其他应用软件。在使用计算机的过程当中还会用到一些特殊功能的软件，如互联网应用类软件、音视频播放类软件、文件管理类软件、工具类软件等。互联网应用软件的使用最为广泛，电子邮件、即时通讯、视频会议等，本地和移动端平滑迁移，使人际沟通更便利，使远程办公更高效。音视频播放类软件种类繁多，可适用于多种文件格式，是计算机多媒体功能的必要支撑。文件管理类软件是对计算机操作系统自带文件管理功能的有力补充，比如多种形式的网盘或云盘，可将海量数据传输到远端网络存储保存，扩大了个人数字存储容量；格式转换程序可将特殊格式文件转换为通用格式，方便用户使用。工具类软件是人们工作生活的辅助，如实时翻译程序就像随身携带的字典，可随时对字符、图片文字和语音进行识别转换，扩大了人们的交流范围。

1.3.3 计算机中的信息表示

信息是多种类型数据的集合，包括数值、字符、文字、声音、图形和图像等形式，不同种类的数据要在计算机中存储、传输和管理，就要进行数字化处理，转换为计算机能够识别的样式。

1．计算机中数据的单位

计算机中数据的单位主要有位、字节和字三个。

位（Bit）是计算机中最小的单位，即二进制的一位，每位有 0 和 1 两种状态。

字节（Byte）是计算机中用来表示存储空间大小的基本单位，8 个二进制位定义为一个字节。除字节外还有其他表示存储容量的单位，分别是千字节（KB）、兆字节（MB）、吉字节（GB）和太字节（TB）等，它们之间的换算关系为：

$1KB=2^{10}B=1024B$

$1MB=2^{10}KB=1024KB$

$1GB=2^{10}MB=1024MB$

$1TB=2^{10}GB=1024GB$

字（Word）是计算机进行数据处理和运算的单位，一个字或多个字组成一条机器指令或一个数据。字由若干字节构成，一般为字节的整数倍，比如 16 位字、32 位字和 64 位字等，这个位数称为字长，即计算机一次可处理的二进制的位数。字长是计算机性能的重要标志，字长越长，计算机性能越好。

2．计算机中数据的表示

计算机中的数据可以分为数值数据和非数值数据两大类。数值数据包含无符号数值和有符号数值，非数值数据包括字符、文字、声音、图形和图像等。

数值数据可以进行算术运算，有正、负之分，可能是整数，也可能含有小数。在计算机中，通常把一个数的最高位定义为符号位，用"0"表示正，用"1"表示负，其余二进制位表示数的大小。根据小数点位置固定与否，把计算机中的数分为定点数和浮点数两种类型。定点数指小数点位置不变的整数或纯小数，浮点数指既有整数部分又有小数部分的数，使用科学计数法表示为整数与纯小数的定点数组合。计算机中数值的取值范围与表示数值的二进制位数和数值的类型有关。

非数值数据不参与算术运算，不同类型数据其本身组成特点存在明显差异。西文字符相对固定, 西文由不同的西文字符组合而成, 规定了西文字符的计算机表示方法, 即可表示西文; 而中文是象形文字, 每个汉字都需要用二进制表示; 声音、图形和图像则更加复杂, 需要把这些不同类型的数据, 分别按照各自不同的规则, 转化为 0 和 1 组成的数字代码。

1.3.4　计算机中的数制转换

计算机中使用的数制和生活中常用的数制有所不同, 无论把现实中的数据存储到计算机中, 还是把计算机中的数据还原到现实中来, 都要经过数制转换。

1. 数制

数制又称进制, 现实生活中使用的是十进制, 计算机中使用二进制、八进制和十六进制。每一种数制由数码、基数、位权和计数规则来定义。数码是数制中表示基本数值大小的不同数字符号。基数是数制所使用数码的个数。位权是指数制中某一位上的 1 所表示数值的大小, 如十进制数 321, 1 的位权是 10^0, 2 的位权是 10^1, 3 的位权是 10^2。不同进制的计数规则有所不同。

十进制: 数码有 10 个, 分别是 0、1、2、3、4、5、6、7、8、9, 计数规则是逢十进一。常用字母 D 表示十进制数, 如十进制数 345 用 $(345)_D$ 或 $(345)_{10}$ 表示。

二进制: 数码有 2 个, 分别是 0、1, 计数规则是逢二进一。常用字母 B 表示二进制数, 如二进制数 10 用 $(10)_B$ 或 $(10)_2$ 表示。

八进制: 数码有 8 个, 分别是 0、1、2、3、4、5、6、7, 计数规则是逢八进一。常用字母 O 表示八进制数, 如八进制数 76 用 $(76)_O$ 或 $(76)_8$ 表示。

十六进制: 数码有 16 个, 分别是 0、1、2、3、4、5、6、7、8、9、A、B、C、D、E、F, A～F 分别表示 10～15, 计数规则是逢十六进一。常用字母 H 表示十六进制数, 如十六进制数 2D9E 用 $(2D9E)_H$ 或 $(2D9E)_{16}$ 表示。

2. 十进制转化为 R 进制

使用 R 进制代表二进制、八进制或者十六进制。十进制转化为 R 进制的规则分为整数部分和小数部分两个部分, 分别采用不同的转换方法。

(1) 整数部分。将要转换的十进制整数除以 R (如转化为二进制就除以 2), 取余数作为转化后 R 进制整数部分的最低位, 把上一步得到的商再除以 R, 余数作为转化后 R 进制整数部分的次低位, 重复以上步骤, 直到商为零时为止, 此时的余数作为转化后 R 进制数的最高位。

【例 1.1】　将十进制数 100 转换化为二进制、八进制或者十六进制。

```
2 | 100   取余数
2 | 50   …0
2 | 25   …0        8 | 100   取余数
2 | 12   …1        8 | 12   …4        16 | 100   取余数
2 | 6    …0        8 | 1    …4        16 | 6    …4
2 | 3    …0          0    …1            0    …6
2 | 1    …1
    0    …1
```

经计算, $(100)_{10}=(1100100)_2=(144)_8=(64)_{16}$。

(2) 小数部分。将要转换的十进制小数乘以 R, 得到的整数部分作为转化后 R 进制小数部分的最高位，把上一步得到的小数部分再乘以 R，得到的整数部分作为转化后 R 进制小数部分的次高位，重复以上步骤，直到小数部分为 0 或者要求保留的精度位数为止。

【例 1.2】 将十进制数 0.345 转化为二进制。

```
取整数部分   ×   0.345
                    2
0 ----------  0.690
            ×      2
1 ----------  1.38
            ×      2
0 ----------  0.76
            ×      2
1 ----------  1.52
            ×      2
1 ----------  1.04
```

经计算，并保留小数点后 5 位，$(0.345)_{10} \approx (0.01011)_2$。

3. R 进制转化为十进制

把二进制、八进制或者十六进制数转化为十进制时，R 进制数每一位的数值作为系数，乘以这一位的位权，得到一个乘积，所有位的乘积相加，得到的和就是转化后的十进制数。

【例 1.3】 将二进制数 110.101 转化为十进制。

$(110.101)_2 = 1 \times 2^2 + 1 \times 2^1 + 0 \times 2^0 + 1 \times 2^{-1} + 0 \times 2^{-2} + 1 \times 2^{-3} = (6.625)_{10}$

【例 1.4】 将八进制数 35.7 转化为十进制。

$(35.7)_8 = 3 \times 8^1 + 5 \times 8^0 + 7 \times 8^{-1} = (29.875)_{10}$

【例 1.5】 将十六进制数 6A.2 转化为十进制。

$(6A.2)_{16} = 6 \times 16^1 + 10 \times 16^0 + 2 \times 16^{-1} = (106.125)_{10}$

4. 二进制与八进制和十六进制间的关系

二进制与八进制和十六进制之间存在着对应关系，即二进制的三位对应八进制的一位，二进制的四位对应十六进制的一位，见表 1.1 和表 1.2，可利用此对应关系，进行二进制与八进制、二进制与十六进制之间的数制转换。

表 1.1 　　　　　　　　　　　二进制与八进制间的对应关系

二进制	八进制	二进制	八进制	二进制	八进制
000	0	011	3	110	6
001	1	100	4	111	7
010	2	101	5		

表 1.2 　　　　　　　　　　　二进制与十六进制间的对应关系

二进制	十六进制	二进制	十六进制	二进制	十六进制	二进制	十六进制
0000	0	0100	4	1000	8	1100	C
0001	1	0101	5	1001	9	1101	D
0010	2	0110	6	1010	A	1110	E
0011	3	0111	7	1011	B	1111	F

（1）二进制转化为八进制或十六进制。二进制转化为八进制：将二进制数以小数点为基准，向左每三位一组，最左侧不足三位的在其左侧补 0；小数点向右也是每三位一组，

最右侧不足三位的在其右侧补 0；每组三位二进制数分别转化为对应的一位八进制数，排列次序保持不变，即完成转换。

【例 1.6】　将二进制数 10110.10 转化为八进制。

$$
\begin{array}{ccc}
\text{补 0} & & \text{补 0} \\
\downarrow & & \downarrow \\
\underline{010}\ \ \underline{110}.\underline{100} & & \\
\downarrow\ \ \ \ \downarrow\ \ \ \ \downarrow & & \\
\text{读数----2}\quad 6\quad 4 &
\end{array}
$$

经计算，$(10110.10)_2=(26.4)_8$。

二进制转化为十六进制：将二进制数以小数点为基准，向左每四位一组，最左侧不足四位的在其左侧补 0；小数点向右也是每四位一组，最右侧不足四位的在其右侧补 0；每组四位二进制数分别转化为对应的一位十六进制数，排列次序保持不变，即完成转换。

【例 1.7】　将二进制数 1110110.101 转化为十六进制。

$$
\begin{array}{ccc}
\text{补 0} & & \text{补 0} \\
\downarrow & & \downarrow \\
\underline{0111}\ \ \underline{0110}.\underline{1010} & & \\
\downarrow\ \ \ \ \downarrow\ \ \ \ \downarrow & & \\
\text{读数----7}\quad 6\quad A &
\end{array}
$$

经计算，$(1110110.101)_2=(76.A)_{16}$。

（2）八进制或十六进制转化为二进制。八进制或十六进制转化为二进制，与二进制转化为八进制或十六进制的规则相反。

八进制转化为二进制：将八进制数的每一位分别转化为三位二进制数，排列次序保持不变，即得到转化后的二进制数。

【例 1.8】　将八进制数 512.6 转化为二进制。

$$
\begin{array}{cccc}
5 & 1 & 2. & 6 \\
\downarrow & \downarrow & \downarrow & \downarrow \\
\text{读数----}\underline{101} & \underline{001} & \underline{010} & \underline{110}
\end{array}
$$

经计算，并去掉最右端的 0，$(512.6)_8=(101001010.11)_2$。

八进制转化为十六进制：将十六进制数的每一位分别转化为四位二进制数，排列次序保持不变，即得到转化后的二进制数。

【例 1.9】　将十六进制数 3B9F 转化为二进制。

$$
\begin{array}{cccc}
3 & B & 9 & F \\
\downarrow & \downarrow & \downarrow & \downarrow \\
\text{读数----}\underline{0011} & \underline{1010} & \underline{1001} & \underline{1111}
\end{array}
$$

经计算，并去掉最左端的 0，$(3B9F)_{16}=(11101010011111)_2$。

1.3.5　计算机中的信息编码

计算机中的信息编码是指使用少量的二进制代码，设置一定的规则，形成多种形式的代码组合，来表示大量的不同种类信息的过程，常见的编码有数字编码、字符编码、汉字编码和压缩编码等。

1. 数字编码

数字编码是指把十进制数 0~9 表示成二进制符号的代码，BCD（Binary Code Decimal）码是一种用四位二进制数来表示一位十进制数的数字编码，其中最基本和最常用的规则是，把高位到低位的位权分别定义为 2^3、2^2、2^1 和 2^0，即 8、4、2、1，故将这种编码称作 8421 码。每一个十进制数与 8421 码的对应关系见表 1.3。

表 1.3 十进制数与 8421 码的对应关系

十进制数	0	1	2	3	4	5	6	7	8	9
8421 码	0000	0001	0010	0011	0100	0101	0110	0111	1000	1001

2. 字符编码

字符编码主要是指将字母、通用符号和控制符号表示成二进制符号的代码，最广泛使用的是 ASCII 码（American Standard Code for Information Interchange），即美国标准信息交换代码，这一编码方案被国际标准化组织 ISO 采纳，作为国际通用字符编码。

ASCII 码使用 7 位二进制数（即 2^7，共有 128 个二进制数）来表示 128 个字符，其中 95 个是有形字符，33 个是控制字符。编码规则将 128 个字符中的 0~31（ASCII 码对应的十进制值）及 127 定义为控制字符，如回车、换行、删除等；32~126 定义为有形字符，65~90 为 26 个大写英文字母，97~122 为 26 个小写英文字母，48~57 为 0~9 十个阿拉伯数字，32 是空格，其余为一些标点符号、运算符号等，如英文字母 A 的 ASCII 码为 1000001，对应十进制值是 65。ASCII 码表见表 1.4。

表 1.4 标 准 ASCII 码 表

二进制数	十进制数	表示字符	字符含义	二进制数	十进制数	表示字符	字符含义
0000 0000	0	NUL	空字符	0001 0001	17	DC1	设备控制 1
0000 0001	1	SOH	标题开始	0001 0010	18	DC2	设备控制 2
0000 0010	2	STX	正文开始	0001 0011	19	DC3	设备控制 3
0000 0011	3	ETX	正文结束	0001 0100	20	DC4	设备控制 4
0000 0100	4	EOT	传输结束	0001 0101	21	NAK	拒绝接收
0000 0101	5	ENQ	请求	0001 0110	22	SYN	同步空闲
0000 0110	6	ACK	收到通知	0001 0111	23	ETB	传输块结束
0000 0111	7	BEL	响铃	0001 1000	24	CAN	取消
0000 1000	8	BS	退格	0001 1001	25	EM	介质中断
0000 1001	9	HT	水平制表符	0001 1010	26	SUB	替补
0000 1010	10	LF	换行键	0001 1011	27	ESC	换码（溢出）
0000 1011	11	VT	垂直制表符	0001 1100	28	FS	文件分割符
0000 1100	12	FF	换页键	0001 1101	29	GS	分组符
0000 1101	13	CR	回车键	0001 1110	30	RS	记录分离符
0000 1110	14	SO	不用切换	0001 1111	31	US	单元分隔符
0000 1111	15	SI	启用切换	0010 0000	32	（space）	空格
0001 0000	16	DLE	数据链路转义	0010 0001	33	！	

二进制数	十进制数	表示字符	字符含义	二进制数	十进制数	表示字符	字符含义
0010 0010	34	"		0100 1011	75	K	
0010 0011	35	#		0100 1100	76	L	
0010 0100	36	$		0100 1101	77	M	
0010 0101	37	%		0100 1110	78	N	
0010 0110	38	&		0100 1111	79	O	
0010 0111	39	'		0101 0000	80	P	
0010 1000	40	(		0101 0001	81	Q	
0010 1001	41	)		0101 0010	82	R	
0010 1010	42	*		0101 0011	83	S	
0010 1011	43	+		0101 0100	84	T	
0010 1100	44	,		0101 0101	85	U	
0010 1101	45	-		0101 0110	86	V	
0010 1110	46	.		0101 0111	87	W	
0010 1111	47	/		0101 1000	88	X	
0011 0000	48	0		0101 1001	89	Y	
0011 0001	49	1		0101 1010	90	Z	
0011 0010	50	2		0101 1011	91	[	
0011 0011	51	3		0101 1100	92	\	
0011 0100	52	4		0101 1101	93	]	
0011 0101	53	5		0101 1110	94	^	
0011 0110	54	6		0101 1111	95	_	
0011 0111	55	7		0110 0000	96	`	
0011 1000	56	8		0110 0001	97	a	
0011 1001	57	9		0110 0010	98	b	
0011 1010	58	:		0110 0011	99	c	
0011 1011	59	;		0110 0100	100	d	
0011 1100	60	<		0110 0101	101	e	
0011 1101	61	=		0110 0110	102	f	
0011 1110	62	>		0110 0111	103	g	
0011 1111	63	?		0110 1000	104	h	
0100 0000	64	@		0110 1001	105	i	
0100 0001	65	A		0110 1010	106	j	
0100 0010	66	B		0110 1011	107	k	
0100 0011	67	C		0110 1100	108	l	
0100 0100	68	D		0110 1101	109	m	
0100 0101	69	E		0110 1110	110	n	
0100 0110	70	F		0110 1111	111	o	
0100 0111	71	G		0111 0000	112	p	
0100 1000	72	H		0111 0001	113	q	
0100 1001	73	I		0111 0010	114	r	
0100 1010	74	J		0111 0011	115	s	

二进制数	十进制数	表示字符	字符含义	二进制数	十进制数	表示字符	字符含义
0111 0100	116	t		0111 1010	122	z	
0111 0101	117	u		0111 1011	123	{	
0111 0110	118	v		0111 1100	124	|	
0111 0111	119	w		0111 1101	125	}	
0111 1000	120	x		0111 1110	126	~	
0111 1001	121	y		0111 1111	127	DEL	删除

3. 汉字编码

汉字编码是指将汉字信息录入到计算机、存储并显示输出的过程中所使用的二进制编码。一个汉字可能由多个笔画组成，据统计汉字有 5 万余个，常用汉字有 7000 个左右。相比西文字符，汉字数字化需要更多的信息量，至少要用两个字节来表示一个汉字。计算机键盘是西文键盘，由英文字母和数字键等构成，通过汉字输入码才能将汉字录入计算机，输入码进入计算机后需要转换成汉字内码才能进行信息处理，内码再转换为汉字字形码才能在屏幕显示或打印输出。

（1）汉字输入码。汉字输入码有多种形式，主要包括数字编码、字音编码、字形编码、手写编码和语音编码等。

数字编码是将每一个汉字对应定义为一个数字，通过录入数字来键入汉字的编码。国标区位码是最常用的数字编码，把国标汉字字符集编制成一个 94 行（区）×94 列（位）的表，每个汉字对应表中的一个唯一位置，用两位区号（01～94）和两位位号（01～94）表示，这个四位数字编码就是这个汉字的区位码。区位码难以记忆，不易推广。

字音编码是借助汉语拼音来键入汉字的编码。字音输入法最易上手，会汉语拼音就可录入汉字，是一般计算机用户首选的汉字输入方法。常用的字音编码有全拼、双拼、智能ABC、微软拼音、搜狗拼音等。由于汉字同音字多，录入拼音后会出现发音相同的重码字，使用者需要选择键入，词语联想功能的引入有效降低了重码，提高了录入效率。

字形编码是依据汉字的笔画字形来输入汉字的编码。五笔字型是典型的字形编码，把汉字笔画分为横、竖、撇、捺、折五种，将汉字的偏旁部首或笔画结构定义为字根，使用者必须先记住每个字根所对应的键位，掌握一定的拆字技巧，一般四键可以录入一个汉字，还可录入不认识的字。经过记忆和训练，使用五笔字型输入法键入汉字比拼音输入法效率更高。

手写编码是将在手写设备上书写时产生的有序轨迹信息转化为汉字的编码。使用者可以借助多种手写设备输入汉字，如电磁感应手写板、压感式手写板、触摸屏、触控板和超声波笔等，能够取代键盘或者鼠标，易学易用，是人机交互最自然、最方便的手段之一。

语音编码是把讲话者的声音波形转换为汉字的编码。语音输入可以识别任何年龄层次的男、女声，甚至可以识别有地方口音的语音。会说话即可录入信息，不但可以用于社交聊天，也可用于游戏及文档录入，使得计算机智能化水平得到进一步提升。

（2）汉字内码。汉字内码是汉字信息处理系统在计算机内部存储和处理汉字信息时使用的编码。汉字输入时，根据输入码对应查找输入码表，完成输入码到汉字机内码的转换。机内码需要区分 ASCII 编码字符和汉字编码字符，通过判断连续两个字节的最高位是否为 1 来实现，如均为 1,则这连续的两个字节组成一个汉字,否则此字节的低 7 位是一个 ASCII 编码字符。

（3）汉字字形码。汉字字形码有点阵式和矢量式两种形式，分别对应点阵字库和矢量字库，它们存储字形的原理不同，显示效果亦有所不同。

1）点阵式。将汉字字形以点阵的形式排列起来，常用的汉字点阵有 16×16、24×24、36×36、48×48 等，点阵数量越多，表示字形的信息量就越大，显示的汉字精度就越高。点阵字库结构简单，但当对汉字进行放大时，其字形边缘会产生锯齿，影响显示效果。

2）矢量式。按照汉字字形的轮廓特征，使用数学曲线描述字形，包含了字形边界上的关键点信息，这样可以在对字体进行任意缩放的时候保持字体边缘依然光滑，产生高质量的输出字形。Windows 系统中的 TrueType 即为矢量字库。

4. 压缩编码

压缩编码是指声音和图像等多媒体信息数字化时所使用的编码方法。

自然界的声音是由空气振动而产生，以连续波的形式传播，是一种模拟信号。数字化声音时，首先需要对声音进行采样，将连续信号转化为一组离散数值，然后通过模拟/数字（A/D）转换电路转化为数字量，即可在计算机中存储、编辑。数字化声音的音质与采样频率和存储声音数字量的位数有关，采样频率越高、使用数字量位数越多则音质越好。计算机中的声音在输出的时候再进行反向的转换，利用数字/模拟（D/A）转换电路还原回模拟声音，通过播放设备输出。WAV 格式的声音文件，记录声音的波形，能够和原声基本一致，质量非常高，但文件所占空间很大。MP3 格式的声音文件，存储经过压缩的声音，这种格式是音频压缩的国际标准，声音失真小且文件小。

人眼看到的图像都是模拟图像，数字化的过程同样要经过采样、量化与编码三个步骤。采样就是将图像在水平和垂直方向上等间距地分割成矩形网状结构的像素点，一幅图像就被采样成有限个像素点的集合。采样点间隔的大小决定了采样后的图像反映原图像的真实程度。一般来说，原图像中的画面越复杂，色彩越丰富，则采样间隔应该越小。量化是指要使用多大范围的数值来表示图像采样之后的每一个点，量化位数越大，则图像可以拥有更多的颜色，图像的还原度更好，但也会占用更大的存储空间。借助图像压缩编码可以给数字化图像文件瘦身，JPEG 和 MPEG 是最典型的图像压缩国际标准，JPEG 是面向连续色调静止图像的一种压缩标准，MPEG 是适用于有活动图像的压缩标准。

1.4 计 算 机 安 全 使 用

计算机应用和存储的数据包括计算机信息系统和信息资源两大部分，保障其不受自然和人为有害因素的威胁和损害，是计算机安全使用的重要任务。

1.4.1 计算机的安全隐患

计算机的安全隐患主要来自计算机病毒和非法访问等人为因素，以及计算机电磁辐射和硬件损坏等环境因素。

1. 计算机病毒

计算机病毒是由编制者生成并非法附着在计算机正常软件中的隐蔽小程序，在一定条件下被触发运行，轻则能够破坏正常工作程序、占用系统资源、降低工作效率，重则可使整个计算机软件系统崩溃、数据丢失。计算机病毒是数据安全的大敌，1987 年开始引起世界普遍关注，1989 年我国首次发现计算机病毒。

计算机病毒依据不同的形式可以进行不同类型的划分，比如按照附着程序的类型可以分为引导型病毒、文件病毒和互联网病毒等，按照特定算法可以分为蠕虫病毒和可变病毒等。

计算机病毒通过数据交换进行传播，移动存储设备和网络是主要传播途径。闪存、移动硬盘可通过在计算机上的插拔成为病毒的携带者，而网页、电子邮件等网络应用使病毒传播速度更快、范围更大。如木马病毒通过网络及系统漏洞进入用户计算机系统并隐藏，同时向外界泄露用户信息，使得非法用户能对用户计算机进行远程控制。

由于计算机病毒具有隐蔽性、破坏性、传染性、寄生性和可触发的特征，故计算机工作出现异常可能与感染病毒有关，如计算机莫名其妙死机、系统启动变慢、突然重新启动或无法启动、CPU 或内存占用无故增加导致应用程序不能正常运行、磁盘空间无故变小、数据和程序丢失等。

2. 计算机工作环境

计算机工作环境是指其工作的物理环境，普通办公用微型计算机通常在一般办公室条件下就可以正常使用，大型应用系统的服务器出于业务连续性和数据重要性的考虑会设置专用机房，在恒温恒湿等条件保障下运行。

普通微型计算机在室温 15～35℃之间一般能正常工作，温度过高可能会因散热不好，影响计算机内各个部件的正常工作；相对湿度适宜在 20%～80%之间，湿度太高会使计算机的内部部件受潮而发生短路，湿度过低则会因过分干燥而产生静电；微型计算机所在房间应保持洁净，灰尘过多，附着到计算机内电子元件上会造成其散热不畅，从而缩短计算机使用寿命；微型计算机的供电应保持电压稳定和供电连续，否则会给磁盘的正常工作和操作数据的可靠保存带来麻烦。

1.4.2 计算机的安全防范

对计算机使用过程中存在的安全隐患进行分析，利用技术手段实施管控，同时辅以规章制度加强管理，提高使用者的安全防范意识，有效保证计算机设备和数据安全。

1. 远离计算机病毒

计算机病毒之所以能够对计算机系统造成侵害，是因为病毒程序的编制者发现并利用操作系统或应用软件的漏洞，通过编写代码入侵或破坏系统的正常运行，防范计算机病毒必须从源头做起，养成良好的系统使用习惯。

安装操作系统和应用软件是使用计算机的第一步，安全部署计算机可遵循以下步骤：首先，使用正版安装程序安装操作系统，之后先行打全系统补丁，弥补已知的系统漏洞；其次，应用软件安装最新版本，并定期进行版本更新；最后，安装最新版杀毒软件，及时升级病毒库，定时对计算机进行全盘病毒查杀，并且实时开启病毒监控。

应用网络功能几乎是每个计算机用户的必要选择，安全使用网络可按照以下原则：不浏览不确定功能的网站，不打开来路不明的邮件及附件，需要登录的应用系统设置复杂密码，安装新的应用软件要使用官方网站提供的安装包和授权码。

数据是计算机应用的重要组成部分，保障数据安全应考虑存储因素。使用移动存储时，在不了解移动设备是否安全的情况下，可对其查杀病毒后再接入计算机，特别是干净的移动设备在接入安全情况未知的计算机后，再次插回自己计算机之前，要对移动设备进行查杀，以确保自己计算机全过程的使用安全。另外，一旦计算机出现系统故障，操作系统可以重装，但数据难以恢复，故所有计算机用户均应注重对自己数据文件的保护，可将操作系统与用户数据分别放置在不同的逻辑分区，操作系统盘出现问题，不会对数据盘造成影响。再有，对重要数据及时备份，本地数据可选择在网络存储或移动存储留存两个以上版本，特别重要的大型系统数据应采用实时异地备份。

2. 保障计算机工作环境

计算机用户要熟悉计算机安全使用的温度、湿度、电源状况等要求，了解自己使用设备周边的相关环境情况，知晓机器性能，随时关注运行状态。

建立计算机安全使用管理制度是企事业单位保障计算机系统稳定运行的重要手段。遵循谁使用谁负责的原则，坚持安全第一、预防为主的方针，要求工作人员掌握计算机使用常识，增强安全意识和自觉性。

不同应用场景的计算机，其工作环境要求有所不同。对于普通办公用计算机注意上班加电开机，下班关机断电；对于承载重要数据的计算机应保持供电连续，为此可在供电链路上加装不间断电源（Uninterruptible Power System），根据保障设备功率和市电断掉之后需要持续保证供电的时间，核算出需加装不间断电源的容量，确保重要数据不会因意外断电而丢失；对于需 24 小时连续工作的数据系统服务器，需建设专用机房，安装精密空调保证工作环境恒温恒湿，可附设供电、温湿度、漏水等环境监控报警系统，全面保障数据系统运行安全。

第 2 章　微型计算机操作系统

微型计算机操作系统主要作用是协调各个硬件部件有条不紊地工作，对整个计算机系统资源进行统一管理和统一调度，它是微型计算机最基本、最重要的系统软件，已经成为现代计算机系统不可分割的重要组成部分。各种型号的微型机，无一例外都配置了一种或多种操作系统。

2.1　操　作　系　统　基　础

操作系统的出现是计算机软件发展史上的一个重大转折，为计算机的普及和发展做出了重要贡献。操作系统（Operating System，OS）是系统软件的核心组成部分，为方便用户使用计算机，其为用户提供美观、方便的计算机操作界面，是用户与计算机系统之间的接口。操作系统管理、控制计算机系统的软硬件资源，使其协调、高效地工作，为应用程序运行提供支持。

如果没有操作系统，普通的计算机用户要直接使用计算机，不仅要熟悉计算机硬件系统，还要了解各种外部设备的物理特性，这几乎是不可能的。操作系统是对计算机硬件系统的第一次扩充，是为了填补人与机器之间的鸿沟而配置在计算机硬件之上的一种软件。其他系统软件和应用软件都是建立在操作系统基础之上的，它们都必须在操作系统的支持下才能运行。

计算机按下电源开关后，总是先通过引导过程，把操作系统调入内存，然后才能运行其他软件。完成引导过程后，用户看到的是已经加载了操作系统的计算机。操作系统使计算机用户界面得到了极大改善，用户不必了解硬件的结构和特性就可以利用软件方便地执行各种操作，从而大大提高了工作效率。

2.1.1　操作系统的功能

操作系统是计算机系统的内核与基石，是一个庞大的管理控制程序，它大致包括如下5个管理功能：存储管理、处理机管理、设备管理、文件管理和用户接口管理。

1. 存储管理

存储器资源是计算机系统中最重要的资源之一。存储管理的主要目的是合理高效地管理和使用存储空间，为程序的运行提供安全可靠的运行环境，使内存的有限空间能满足各种作业的需求。

存储器管理应实现下述主要功能：

（1）内存分配。记录整个内存，按照某种策略实施分配或回收释放的内存空间。

（2）地址映射。硬件支持下解决地址映射，即逻辑到物理地址转换。

（3）内存保护。保证各程序空间不受"进犯"。

（4）内存扩充。通过虚拟存储器技术虚拟成比实际内存大得多的空间来满足实际运行的需要。

2. 处理机管理

处理机管理可归结为对进程的管理，进程是程序的一次执行，是资源分配和调度的基本单位。

处理机管理实现下述主要功能：

（1）作业调度和进程调度。作业调度是一种高级调度（并不是所有类型的机器都具有），主要指对后备队列上（外存空间）的调度；进程调度是决定就绪队列中的哪个进程应获得处理机，然后再由分派程序把处理机分配给该进程的具体操作。

（2）进程通信。由于多个程序（进程）彼此间会发生相互制约关系，需要设置进程同步机制。进程之间往往需要交换信息，为此系统要提供通信机制。

3. 设备管理

计算机系统中大都配置有许多外围设备，如显示器、键盘、鼠标、硬盘、软盘驱动器、CD-ROM、网卡、打印机、扫描仪等。这些外围设备的性能、工作原理和操作方式都不一样，因此，对它们的使用也有很大差别。设备管理的主要任务是对计算机系统内的所有设备实施有效的管理，使用户方便灵活地使用设备。设备管理应实现下述功能：

（1）缓冲区管理。管理各类 I/O 设备的数据缓冲区，解决 CPU 和外设速度不匹配的矛盾。

（2）设备分配。根据 I/O 请求和相应分配策略分配外部设备以及通道、控制器等。

（3）设备驱动。实现用户提出的 I/O 操作请求，完成数据的输入输出。这个过程是系统建立和维持的。

（4）设备无关性。应用程序独立于实际的物理设备，由操作系统将逻辑设备映射到物理设备。

4. 文件管理

文件是按一定格式建立在存储设备上的一批信息的有序集合。在计算机系统中，所有的程序和数据都是以文件的形式存放在计算机的外存储器上。例如，一个 C 语言源程序、一个 Word 文档、各种可执行程序等都是一个文件。

在操作系统中，负责管理和存取文件信息的部分称为文件系统或信息管理系统。在文件系统的管理下，用户可以按照文件名访问文件，而不必考虑各种外存储器的差异，不必了解文件在外存储器上的具体物理位置以及如何存放的。文件系统为用户提供了一个简单、统一的访问文件的方法。文件管理主要功能如下：

（1）文件存储空间的管理。记录空闲空间、为新文件分配必要的外存空间，回收释放的文件空间，提高外存的利用率等。

（2）目录管理。目录文件的组织及实现用户对文件的"按名存取"、目录的快速查询和文件共享等。

（3）文件的读写管理和存取控制。根据用户请求，读取或写入外存；防止未授权用户的存取或破坏；对各文件（包括目录文件）进行存取控制。

5. 用户接口管理

操作系统的用户接口，就是操作系统提供给用户，使用户可通过它们调用系统服务的手段。操作系统一般提供如下 3 个类型的接口供用户使用。

（1）命令界面。系统提供一套命令，每个命令都由系统的命令解释程序所接收、分析，然后调用相应模块完成命令所需功能。

（2）图形界面。考虑用户使用计算机的方便性，现代操作系统都提供了图形用户界面。它也是一种交互形式，只不过将命令形式改成了图形提示和鼠标点击。

（3）程序界面。也称系统调用界面，是程序层次上用户与操作系统打交道的方式。

2.1.2 操作系统的分类

操作系统是计算机系统软件的核心，随着计算机技术的迅速发展和计算机的广泛应用，用户对操作系统的功能、应用环境、使用方式不断提出了新的要求，因而逐步形成了不同类型的操作系统。根据操作系统在用户界面的使用环境和功能特征的不同，有如下常见分类方法。

（1）按界面划分，分为命令行操作系统（DOS）和图形用户界面操作系统（Windows）。

（2）按用户数划分，分为单用户操作系统（DOS）和多用户操作系统（UNIX、Windows）。

（3）按任务数划分，分为单任务操作系统（DOS）和多任务操作系统（Windows、UNIX、Linux）。

（4）按系统功能划分，分为批处理系统（DOS）、分时操作系统（Windows、UNIX、Mac OS）、实时操作系统（RTLinux）和网络操作系统（Netware）。

2.1.3 微型计算机的操作系统

1. DOS 系统

磁盘操作系统（Disk Operation System，DOS）是微软公司 1981 年为 IBM-PC 开发的一种磁盘操作系统，也称为 MS-DOS 或 PC-DOS。它是一种单用户、单任务的计算机操作系统。DOS 采用字符界面，必须输入各种命令来操作计算机，这些命令都是英文单词或缩写，比较难于记忆，不利于一般用户使用。在 20 多年时间，相继推出了 DOS 的 1.1、2.0、2.1、3.0、3.1、3.2、3.3、4.0、5.0、6.0、6.2、7.0、8.0 等多个版本。进入 20 世纪 90 年代后，DOS 逐步被 Windows 操作系统所取代。但 DOS 结构优良，功能齐全，使用方便，在各种型号、各种档次的微型计算机上都能使用，而且根据目前计算机使用的实际情况，了解一些 DOS 系统的基本内容还是很有必要的。

（1）DOS 的启动。启动 DOS 是指在引导程序（Bootstrap Routine）的引导下，从 DOS 系统盘上依次读出 IO.SYS（输入/输出管理模块）、MSDOS.SYS（文件管理模块）、COMMAND.COM（命令解释程序）程序，并把它们装入内存，然后用户才能使用计算机。DOS 的启动分为冷启动、热启动和复位启动。启动后，在 DOS 提示符下，用户可以输入各种 DOS 命令。

（2）DOS 命令的分类。DOS 命令分为内部命令、外部命令和批处理命令 3 大类。

1）内部命令。内部命令（Internal Command）是指包含在命令处理程序 COMM-AND.COM 中的命令。当启动 DOS 时，这些命令随 COMMAND.COM 一起装入内存，供用户随时调用。

DOS 常用的内部命令有 DIR、DATE、TIME、CLS、COPY、TYPE、ERASE 或 DEL、REN、MKDIR（MD）、CHDIR（CD）、RMDIR（RD）、PROMPT、VER 等。

2）外部命令。外部命令（External Command）是以可执行程序文件的形式存储在磁盘上，这些命令只有在被使用时，才从磁盘调入内存，每次使用完后将从内存中清除。

DOS 常用的外部命令有 FORMAT、DISKCOPY、DISKCOMP、CHKDSK、SYS、FC、XCOPY、MOVE、DELTREE、DOSKEY、HELP 等。

DOS 把扩展名为 BAT、COM 和 EXE 的文件都视为外部命令。

3）批处理命令（Batch Command）。DOS 允许用户将内部命令、外部命令和其他可执行文件名集中起来放在扩展名为 BAT 的批处理文件中，每当用户输入批处理文件名时，DOS 将按顺序逐条执行批处理文件中的命令，以提高工作效率。

说明：当外部命令与内部命令同名时，DOS 优先执行内部命令。当外部命令同名时，DOS 按 COM、EXE、BAT 的顺序执行。

（3）DOS 命令的格式。

1）DOS 命令的基本格式：

[盘符:][路径]命令名[参数 1][参数 2][参数 3][...][开｜关]

其中，命令名（Command Name）：必不可少，其余均为任选项；参数（Parameter）：指定命令所操作的对象；开｜关（Switch）：用于控制 DOS 对命令的有关功能进行选择。

DOS 命令中使用的符号：

[ ]：方括号，表示任选项。需要时，仅输入方括号里面的内容。

｜：垂直线表示或。例如，ON｜OFF 表示输入 ON 或输入 OFF。

...：省略号，表示用户可重复使用的项。

2）DOS 命令中使用的参数。

d：盘符（磁盘驱动器名或磁盘名），默认时为当前正在使用的驱动器。

Path：路径名，格式为[＼][目录名][＼目录名][...]。

3）需要强调的是：①命令名和参数之间必须用分界符隔开，习惯上一般用空格作为分界符；②按 Enter 键后，命令才开始执行；用 Break 键或 Ctrl+C 键可中止 DOS 命令的执行；③命令输出时，可以用 Pause 键暂停输出显示；按任意字符键，则继续显示；④如指定的外部命令不在当前目录中，则必须指定路径。

（4）常用操作命令。下面根据 DOS 命令的用途，分类介绍常用的 DOS 命令。

1）DATE（日期）命令　＜内部命令＞

用途：显示或更改系统日期。

格式：DATE [mm-dd-yy]

其中：mm、dd、yy 分别表示月、日和年。年的取值范围为 80—99 或 1980—2099。

说明：如输入不带参数的 DATE 命令，DOS 将显示系统日期。

举例：改变日期为 2009 年 7 月 1 日。

　　　C:＼＞DATE 07-01-09

2）TIME（时间）命令　＜内部命令＞

用途：显示或更改系统时间。

格式：TIME [hh:[mm[:ss[.cc]]][a｜p]]

其中：hh、mm、ss、cc 分别表示时、分、秒和百分秒。

[a｜p] 指定 AM 或 PM（12 小时格式）。

说明：当以 12 小时制输入下午的时间时，时间后必须加字母 p。

如用户输入不带参数的 TIME 命令，DOS 将显示系统时间。如不改变原来的时间，则直接按 Enter 键即可。

举例：改变时间为下午 6 时 24 分。

C:\＞TIME 18:24 （或 C:\＞TIME 6:24p）

3）CLS（清除屏幕 Clear Screen）命令 ＜内部命令＞

用途：清除屏幕所有显示信息。

格式：CLS

4）FORMAT（磁盘格式化）命令 ＜外部命令＞

用途：对磁盘进行格式化，以符合 DOS 的格式，使之能存放 DOS 的文件。

格式：FORMAT [d:][/Q][/U][/S]

其中：[d:] 指定将被格式化磁盘的驱动器。

[/Q] 快速格式化曾被格式化过的磁盘，格式化时不对磁盘进行坏扇区检测。

[/U] 指定无条件格式化磁盘，且不能用 UNFORMAT 命令恢复磁盘上原有数据。

[/S] 格式化磁盘后，将 DOS 系统文件（IO.SYS、MSDOS.SYS 和 COMMAND.COM）传送到该磁盘，使之可用作启动盘。如果格式化的磁盘只是用于存入数据，则该项可以默认。

举例：格式化驱动器 A 中的软盘，并复制 DOS 的系统文件，使之成为系统启动盘。

C:\＞FORMAT A:/S

5）DIR（目录 Directory）命令 ＜内部命令＞

用途：显示指定目录及文件的有关信息。

格式：DIR [d:][path][filename][/P][/W]

其中：[/P] 表示逐屏显示，按任意键继续显示下一屏内容。

[/W] 表示按宽屏方式显示，即屏幕每行只显示 5 个文件名或目录名。

说明：DIR 命令中可以用通配符"*"和"?"来显示一批文件。

举例：宽屏显示 D 盘当前目录下的所有目录和文件。

C:\＞DIR d:/W

6）COPY（文件复制）命令 ＜内部命令＞

用途：把一个或多个文件复制到指定位置，也可用于多个文件的合并。

格式：COPY [/Y][/A｜/B] source [/A｜/B][＋ source [/A｜/B]
[＋…]][destination [/A｜/B]][/V]

其中：source 指定被复制的源文件所在的位置，通常由盘符、路径和文件名组成。

destination 指定目标文件所在的位置，通常由盘符、路径和文件名组成。

[/Y] 指定复制时，在将覆盖已存在的同名文件之前，不提示用户进行确认。

　　　　[/V]　复制结束后，对目标文件进行校验。

说明：

- 文件名或扩展名中可以使用通配符"*"和"?"，用于对一组文件进行复制。
- 如未指定目标驱动器和路径，则把文件复制到当前驱动器和目录中。
- 复制文件时，如指定的目标文件不存在，则建立该文件；如存在，则覆盖该文件。
- 可以用"＋"将多个文件合并成一个文件。如指定目标文件名，则将文件合并到指定的目标文件中；如未指定目标文件名，则将第一个源文件名作为目标文件名。

举例：将 D 盘当前目录中的文件 ABC.txt 复制到 C 盘\Mytext 目录中，且改名为 Mytxt1。

　　　　C:\＞COPY D: ABC.txt C:\BASIC\Mytext\Mytxt1

7）DEL 或 ERASE（删除文件）命令　＜内部命令＞

用途：删除指定的文件。

格式：DEL|ERASE [d:][path]filename [/P]

其中：[/P]　在文件被删除前，提示用户对该文件加以确认。

举例：删除 C 盘\Mytext 目录下的 Mytxt1 文件。

　　　　C:\＞DEL C:\Mytext\Mytxt1

2. Windows 系统

　　Windows 操作系统是最常见的计算机操作系统之一，是微软公司开发的操作系统软件。Windows 是多用户多任务操作系统。该系统软件经历了多年的发展历程，目前推出的 Windows 10 系统相当成熟。Windows 操作系统具有人机操作互动性好，支持应用软件多，硬件适配性强等特点。该系统从 1985 年诞生到现在，经过多年的发展完善，相对比较成熟稳定，是当前个人计算机的主流操作系统。Windows 操作系统发展历程见表 2.1。

表 2.1　　　　　　　　　　　　Windows 操作系统发展历程

Windows 版本	推出时间	特　点
Windows 1.0	1985 年 11 月	具备图形用户界面，提供了有限的多任务处理能力，支持鼠标操作
Windows 2.0	1987 年 12 月	增强了图形功能
Windows 3.X	1990 年 5 月	增加 OLE 技术和多媒体技术，具备了模拟 32 位操作系统的功能
Windows NT 3.1	1993 年 8 月	提供了基于客户机/服务器的商业应用程序，支持网络、域名服务安全机制
Windows 95	1995 年 8 月	脱离 DOS 独立运行，采用 32 位处理技术，引入"即插即用"等许多先进技术，支持 Internet
Windows NT 4.0	1996 年 4 月	面向工作站、网络服务器和大型计算机，集成了通信服务，提供文件和打印服务，内置 Internet/Intranet 功能
Windows 98	1998 年 6 月	FAT32 支持，增强 Internet 支持，增强多媒体功能

续表

Windows 版本	推出时间	特点
Windows 2000	2000 年 12 月	网络操作系统，稳定、安全、易于管理
Windows XP	2001 年 10 月	纯 32 位操作系统，更加安全、稳定，易用性更好
Windows Server 2003	2003 年 4 月	服务器操作系统，安全性强，易于构建各种服务器
Windows Vista	2005 年 7 月	全新图形界面，32 位和 64 位
Windows Server 2008	2008 年 2 月	灵活、稳定的服务器操作系统，简单、直观的管理平台，加强了网络和群集技术
Windows 7	2009 年 10 月	针对笔记本电脑的特有设计；基于应用服务的设计；用户的个性化；视听娱乐的优化；用户易用性的新引擎
Windows 10	2015 年 7 月	应用于计算机和平板电脑等设备；针对云服务、智能移动设备、自然人机交互等技术进行融合；对固态硬盘、生物识别、高分辨率屏幕等硬件进行优化完善与支持

3. Mac OS 操作系统

Mac OS 是一套运行于苹果 Macintosh 系列电脑上的操作系统。Mac OS 是首个在商用领域成功的图形用户界面操作系统。Mac OS 操作系统是基于 UNIX 内核的图形化操作系统；它是由苹果公司自行开发用于苹果系列电脑的操作系统，一般情况下在苹果系列之外的普通 PC 上无法安装。苹果机的操作系统非常可靠；它的许多特点和服务都体现了苹果的理念。另外，多数电脑病毒几乎都是针对 Windows 的，由于 Mac 的架构与 Windows 不同，所以较少受到病毒的袭击。Mac OS 操作系统界面独特，突出了形象的图标和人机对话。

4. UNIX 操作系统

UNIX 操作系统于 1969 年在贝尔实验室诞生，它是一个交互式的分时操作系统。UNIX 取得成功的最重要原因是系统的开放性、公开源代码、易理解、易扩充、易移植性。用户可以方便地向 UNIX 操作系统中逐步添加新功能和工具，这样可使 UNIX 越来越完善，提供更多服务，从而成为有效的程序开发支持平台。它是可以安装和运行在微型计算机、工作站乃至大型机和巨型机上的操作系统。UNIX 操作系统因其稳定可靠的特点在金融、保险等行业得到广泛应用。

5. Linux 操作系统

Linux 操作系统的核心最早是由芬兰的林纳斯·托瓦兹（Linus Torvalds）于 1991 年 8 月在芬兰赫尔辛基大学上学时发布的，它是一套免费的 32 位多用户多任务的操作系统，运行方式同 UNIX 操作系统很相似。Linux 操作系统的稳定性、多任务能力与网络功能是许多商业操作系统无法比拟的。Linux 还有一项最大的特色在于源代码完全公开，在符合 GPL（Generl Public License）的原则下，任何人皆可自由取得、发布，甚至修改源代码。这也使得 Linux 在全球普及开来，在服务器领域及个人桌面得到越来越广泛的应用，在嵌入式开发方面更是具有其他操作系统无可比拟的优势，并以每年 100%的用户递增数量显示了 Linux 强大的力量。

2.2　Windows 7 基 本 操 作

微软在 2009 年 10 月 22 日正式发布了 Windows 7 操作系统，随后 Windows 7 操作系统成为微软历史上销售速度最快的操作系统。

Windows 7 包含 6 个版本，分别为 Windows 7 Starter（初级版）、Windows 7 HomeBasic（家庭普通版）、Windows 7 HomePremium（家庭高级版）、Windows 7 Professional（专业版）、Windows 7 Enterprise（企业版）以及 Windows7 Ultimate（旗舰版）。在这 6 个版本中，Windows 7 家庭高级版和 Windows 7 专业版是两大主力版本，前者面向家庭用户，后者针对商业用户。此外，随着计算机硬件的发展，应对处理器和内存的需求，Windows 7 操作系统还分 32 位版本和 64 位版本，两者在外观或者功能上没有本质区别，但 64 位版本支持 16GB（最高至 192GB）内存，而 32 位版本最高只能支持 4GB 内存。

2.2.1　安装

如果想要在计算机上安装运行 Windows 7，官方推荐最低计算机配置如下：

- 1GHz 32 位或 64 位处理器。
- 1GB 内存（基于 32 位）或 2GB 内存（基于 64 位）。
- 16GB 可用硬盘空间（基于 32 位）或 20GB 可用硬盘空间（基于 64 位）。
- 带有 WDDM1.0 或更高版本的驱动程序的 DirectX9 图形设备。

Windows 7 安装方式可以分为光盘启动安装、升级安装和多系统安装。

1. 光盘启动安装

首先，按相应热键进入 BIOS，设置启动顺序为光盘优先（图 2.1），然后将 Windows 7 安装光盘插入光驱，计算机从光盘启动后将自动运行安装程序。按照安装向导提示，用户可依次设置操作系统所用语言（图 2.2），签署用户协议（图 2.3），磁盘分区与格式化（图 2.4），设置用户名和密码（图 2.5 和图 2.6）、日期和时间（图 2.7），直至顺利完成安装，重新启动进入操作系统桌面（图 2.8）。

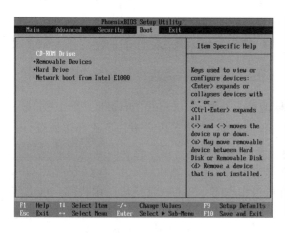
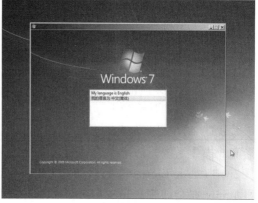

图 2.1　BIOS 引导顺序设置　　　　　　　图 2.2　设置操作系统所用语言

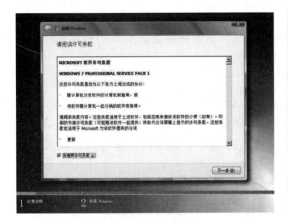

图 2.3　签署用户协议

图 2.4　磁盘分区与格式化

图 2.5　设置用户名

图 2.6　设置密码

图 2.7　设置日期和时间

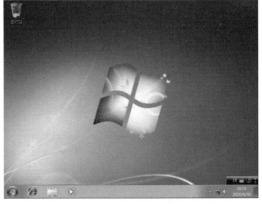

图 2.8　进入桌面

2．升级安装

启动系统后，关闭所有程序，将 Windows 7 光盘插入光驱，系统会自动运行并弹出安装界面。

3. 多系统安装

如果用户需要安装一个以上的微软系统操作系统，需要按照由低到高的版本顺序安装即可。

2.2.2　窗口

在 Windows 7 中启动一个应用程序或打开一个文件夹，就会出现一个窗口。Windows 窗口主要分为应用程序窗口（图 2.9）、文档窗口（图 2.10）和对话框（图 2.11）3 类。所有应用程序都是在窗口中打开的。通过点击窗口上的菜单、命令按钮等可以完成基本操作。各种窗口主要由如下对象构成：

图 2.9　应用程序窗口

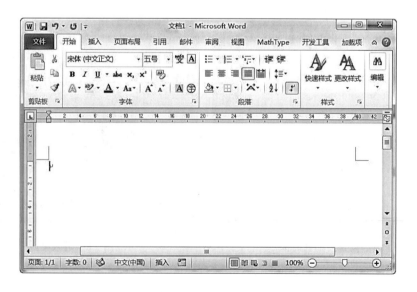

图 2.10　文档窗口

1. 标题栏

位于窗口顶部,右侧有控制窗口大小和关闭窗口的按钮。鼠标拖动标题栏可以移动窗口位置。

2. 菜单栏

位于标题栏正下方,当前窗口可选的操作菜单全部在此列出。

3. 标签

在系统中有很多对话框是由多个选项卡构成的,选项卡上写明了标签,以便于进行区分。用户可以通过各个选项卡的标签了解选项卡内容。对话框有多个选项卡时,以标签标记并可点击切换。

4. 单选按钮

通常是一个小圆形,其后面有相关的文字说明,被选中后,在圆形中间会出现

图 2.11 对话框

一个绿色的小圆点。通常在对话框中,一个选项组中包含多个单选按钮,选中其中一个后,其他选项便不可选择。

5. 复选框

通常是一个小正方形,在其后面也有相关的文字说明,当用户选择后,在正方形中间会出现一个绿色的对号"√"标志,复选框是可以任意选择多个的。

6. 下拉列表

有的对话框在选项卡组下已经列出了众多的选项,用户可以从中选取,但是通常不能更改。比如"显示属性"对话框中的桌面选项卡,系统自带了多张图片,用户是不可以进行修改的。

7. 录入框

在有的对话框中需要用户手动输入内容进行交互,在录入框中可以对各种输入内容进行修改和删除操作。一般在其右侧会带有向下的箭头,以单击箭头在展开的下拉列表中查看最近曾经输入过的内容。主要用于文本录入,可以是文件名、路径、搜索信息等。

2.2.3 桌面

启动 Windows 7 操作系统后,用户看到的整个屏幕空间即为桌面(图 2.12),它是组织和管理计算机资源的一种有方式。桌面上承载各类系统资源。

1. 桌面的图标

(1)"计算机"图标。用于管理存储在计算机中的各种资源,包括磁盘驱动器、文件和文件夹等。

(2)"网络"图标。用于显示网络上的其他计算机,以访问网络资源。

(3)"回收站"图标。用于保存暂时删除的文件。

(4)"个人文件夹"图标。用于存储当前用户访问过的文档文件。

图 2.12　桌面

（5）桌面的图标排列。桌面上图标的排列又可分为手动排列和自动排列。

手动排列是指通过单击选中单个图标或拖动鼠标选中多个图标后，将鼠标光标放到选中的图标上面，按住鼠标左键不放，手动拖到目标位置后释放，图标便到了新的位置。

自动排列是指在桌面右击鼠标，在弹出的快捷菜单中将鼠标指针放在"排列方式"选项上，在弹出的下一级菜单中选择其中某一项，可按照一定规律将桌面图标自动排列，可选择按照名称、大小、项目类型或修改日期 4 种方式。双击桌面上的某个图标即可打开该图标对应的窗口。

2. 拷贝屏幕的功能

按 Print Screen 键（图 2.13）可以将当前显示器屏幕上的内容，拷贝至剪贴板，可以在需要时粘贴至所需的场合。也可以按 Alt+Print Screen 组合键拷贝当前活动窗口至剪贴板。

2.2.4　任务栏

任务栏默认情况下位于桌面的最下方，它由"开始"按钮、快速启动区、打开窗口区、通知区和输入法选择区等几个部分组成（图 2.14）。

图 2.13　Print Screen 键

图 2.14　任务栏组成

1. "开始"按钮

通过"开始"按钮可以打开"开始"菜单，"开始"菜单是操作计算机的重要门户，

即使桌面上没有显示的文件或程序,通过"开始"菜单也能轻松找到相应的程序。"开始"菜单各个区域的作用如下:

(1)用户信息区。显示当前用户的图标和用户名,单击图标可以打开"用户账户"窗口,通过该窗口可更改用户账户信息,单击用户名将打开当前用户的用户文件夹。

(2)系统控制区。显示了"计算机"、"网络"和"控制面板"等系统选项,单击相应的选项可以快速打开或运行程序,便于用户管理计算机中的资源。

(3)关闭注销区。用于关闭、重启计算机或进行用户切换、锁定计算机以及使计算机进入睡眠状态等操作,单击按钮时将直接关闭计算机,单击右侧的按钮,在弹出的菜单中选择任意选项,可执行相应命令。

(4)高频使用区。根据用户使用程序的频率,系统自动将使用频率较高的程序显示在该区域中,以便于用户能快速地启动所需程序。

(5)所有程序区。选择"所有程序"命令,高频使用区将显示计算机中已安装的所有程序的启动图标或程序文件夹,单击某个选项可启动相应的程序,此时"所有程序"命令也会自动变为"返回"命令。

2. 快 速 启 动 区

可以将常用的应用程序启动图标拖到该区域中,直接单击就可启动对应的应用程序。

3. 打 开 窗 口 区

该区域主要功能是实现多个应用程序之间的切换。通常,每启动一个应用程序,在任务栏上就出现一个与之对应的任务图标按钮。在多个运行程序中,只有一个程序能够响应用户操作,称为前台程序,其他运行的程序称为后台程序。

4. 通 知 区

该区域一般显示音量图标、日期和时间图标及系统运行时常驻内存的应用程序图标等。单击或双击图标可对相应的应用程序进行设置。

5. 输 入 法 选 择 区

可设置输入法选项,并实现输入法的切换。

2.2.5　"开始"菜单

Windows 7 操作系统的"开始"菜单(图2.15)中会显示最近使用过的程序或项目的快捷方式,并集成了系统的功能。如果想对 Windows 7 做一些个性设置,需要通过"开始"菜单来完成。"开始"菜单布局可以参看"开始"按钮相应内容。

1. 在开始菜单中添加删除项目

开始菜单上右键单击属性,可添加删除项目。

图 2.15　"开始"菜单

2. 从开始菜单搜索程序

开始菜单下方的搜索框可以搜索程序。

3. 系统帮助的使用

通过单击开始菜单上的"帮助和支持"选项可以打开系统帮助系统。

4. 清除最近打开的文件或程序

可以右击最近文件或程序选项，在快捷菜单中选择"删除"命令。

2.3　Windows 7 文 件 系 统

文件管理是 Windows 7 操作系统的一个重要组成部分，在现代计算机系统中，用户的程序和数据，操作系统的程序和数据，甚至各种输出/输入设备，都是以文件形式出现的。可以说，尽管文件有多种存储介质可以使用，但是它们都是以文件的形式出现在操作系统的管理者和用户面前。用户操作计算机时，大部分工作都是在操作文件管理工具"计算机"来管理文件和磁盘。

2.3.1　文件的管理

Windows 7 的文件管理通常情况下都是通过资源管理器（图 2.16）的基本操作完成的。

图 2.16　资源管理器

1. 资源管理器

（1）文件和文件夹图标排列方式。文件和文件夹图标排列方式与在桌面上排列方法相同，可按名称、修改日期、类型、大小等进行排列。

（2）文件和文件夹信息查看方法。文件和文件夹信息查看可通过右键快捷菜单"属性"实现，或者通过设置查看方式为详细信息，也可大致浏览文件和文件夹概况。

（3）文件和文件夹显示属性设置。文件和文件夹显示属性可以通过打开"属性"对话框来设置，在查看详细信息视图下，也可显示和隐藏相应的属性列。

（4）文件和文件夹搜索。资源管理器右上角提供了搜索框，可以键入内容实现相应文件和文件夹的搜索。

（5）快捷方式的创建。右键快捷菜单可以发送快捷方式至桌面，也可通过菜单，弹出向导完成快捷方式的创建。

2. 文件和文件夹的操作

（1）文件和文件夹的创建。

1）文件的创建：①可以通过应用程序的保存按钮创建；②目标位置右键菜单可以新建常用文件。

2）文件夹的创建：①可以使用右键菜单命令；②工具栏上的"新建文件夹"命令。

（2）文件和文件夹的选择。

1）选取单个文件或文件夹：在窗口单击某个文件或文件夹，即可将该文件或文件夹选中。

2）选取多个连续文件或文件夹：①先单击要选定的第一个文件，再按住 Shift 键并单击要选定的最后一个文件，这样包括在两个文件之间的所有文件都被选中；②选定文件左上角空白处按下鼠标左键不放，向右下角拖动将要选定的文件或文件夹包含在其中。

3）选取不连续的文件：先按住 Ctrl 键，然后逐个单击要选定的文件和文件夹。

4）选取全部文件和文件夹：①使用"编辑"菜单中的"全部选定"命令，或按 Ctrl+A 快捷键可以选定全部文件；②使用"编辑"菜单中的"反向选择"命令，可以选择选定文件之外的全部文件。

（3）文件和文件夹的复制。

1）选定要复制的文件或文件夹，并将鼠标指向已选定的文件夹或文件，按住 Ctrl 键不放，然后按住鼠标左键将选定的对象拖到目的地（可以是驱动器，也可以是文件夹），松开左键和 Ctrl 键。

2）右键快捷菜单可以通过"发送到"命令，将文件夹或者文件复制到某些磁盘上，也可以通过"复制"命令，复制到剪贴板上，"粘贴"到目的地。

3）通过"编辑"菜单中的相应命令也可以完成操作。

（4）文件和文件夹的删除。

1）选中文件或文件夹，按 Delete 键。

2）菜单中的"删除"命令。

3）快捷菜单中的"删除"。

4）直接拖动到"回收站"图标中。

（5）文件和文件夹的恢复。

1）双击桌面上的"回收站"图标，选择要恢复的文件，并使用"还原"命令。

2）提醒：只有硬盘中的文件和文件夹才有可能放入回收站，移动硬盘中的文件或文件夹一经删除是不能恢复的。

（6）文件和文件夹的打包。

1）选中要打包的文件和文件夹，右击，在快捷菜单中选择"添加到压缩文件"，即可通过向导对话框完成操作。

2）WinRAR 是目前流行的压缩工具，界面友好，使用方便，在压缩率和速度方面都有很好的表现。其压缩率比高，5.x 采用了更先进的压缩算法，是现在压缩率较大、压缩速度较快的格式之一。WinRAR 在 DOS 时代就一直具备这种优势，经过多次试验证明，WinRAR 的 RAR 格式一般要比 WinZIP 的 ZIP 格式高出 10%～30% 的压缩率。

WinRAR 能解压多数压缩格式，且不需外挂程序支持就可直接建立 ZIP 格式的压缩文件。

2.3.2　应用程序的管理

Windows 7 操作系统自带了一些应用程序，但仅仅使用这些程序远远达不到用户的需求。用户需要根据需求自行安装和使用新的程序实现更多功能。

1．应用程序的安装

（1）对于免安装软件可以直接复制到目标位置即可使用。

（2）有些软件是一个压缩文件，通过自解压至目标路径完成安装。

（3）通过执行 setup.exe 安装文件，按照软件安装向导提示完成安装。

2．应用程序的运行

（1）"开始"菜单启动对应的应用程序快捷方式。

（2）从桌面启动应用程序快捷方式。

（3）"开始"菜单中的"运行"输入框中可以直接输入应用程序可执行文件名称来运行应该程序。

3．应用程序的关闭

（1）单击程序窗口右上角的关闭按钮。

（2）按 Alt+F4 快捷键可关闭程序。

（3）任务管理器可结束程序进程。

4．应用程序的卸载

（1）安装程序组中自带有"卸载"程序，启动"卸载"程序可以完成应用程序卸载。

（2）利用"控制面板"中"卸载或更改程序"可以完成应用程序卸载。

（3）也可手动删除应用程序相关的文件。这种方法可能会在注册表或者系统文件里残留一些垃圾文件，影响系统启动和操作的速度。

5．命令提示符的使用

经常使用 Windows 系统，就会发现通过 Windows 的窗口界面并不是能完成所有操作，有时还必须使用命令提示符（图 2.17），在其中执行相应的命令才能完成相应的操作。命令提示符可通过如下方式打开：①"开始"菜单→"所有程序"→"附件"→"命令提示符"；②"运行"对话框输入"cmd"，然后按 Enter 键。

使用命令提示符可以完成以下常见操作：①输入路径可打开对应文件夹；②输入 dir 命令可查看当前路径全部文件。

图 2.17　命令提示符窗口

2.3.3　磁盘的管理

对于计算机来说，处理器是计算机的核心设备；但对于用户来说，系统硬盘才是应用计算机的核心设备。磁盘的管理工作主要包括磁盘格式化、磁盘属性和磁盘清理等，使用户能够有效地运用磁盘空间并提高系统运行的效率。

1. 磁盘格式化

在日常工作和生活中，磁盘格式化的操作对象是硬盘和闪存盘。磁盘格式化前一定确保硬盘或闪存盘没有重要的数据或数据已经备份。一块新硬盘在启用之前，实际上要经过一系列处理的，即首先低级格式化，然后对硬盘分区，最后进行高级格式化。对于一般用户能用到的就是高级格式化，在这里介绍的就是高级格式化的方法。

具体方法（图 2.18）：在"计算机"窗口中，右键单击要格式化的磁盘分区或者闪存盘图标，按照弹出的向导对话框完成操作。建议格式化的文件系统选择 NTFS 格式。

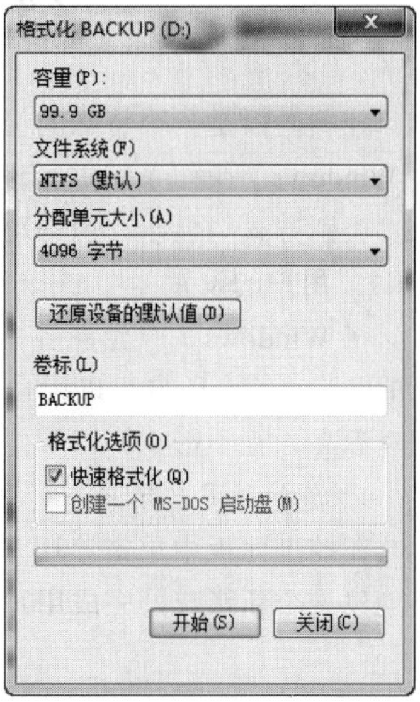

2. 磁盘属性

"磁盘属性"对话框（图 2.19）可以查看磁盘使用情况，设置安全性权限，磁盘共享、磁盘清理、磁盘碎片整理、备份等操作。

图 2.18　"磁盘格式化"对话框

3. 磁盘清理

磁盘清理（图 2.20）是删除计算机中没有用的程序、临时文件等，以释放空间，提高系统速度，让系统运行更加流畅。具体操作方法如下：

图 2.19　"磁盘属性"对话框

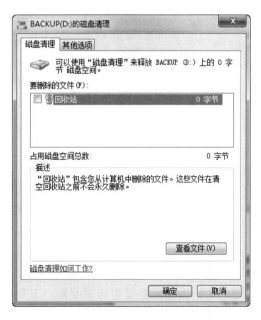

图 2.20　"磁盘清理"对话框

在"开始"菜单中，选择"所有程序"中的"附件"选项，再选择"系统工具"中的"磁盘清理"选项，弹出对话框按向导完成即可。

2.4　Windows 7 控 制 面 板

控制面板是一个特殊的文件夹，里面包含了不同的设置工具，用户可以通过控制面板对 Windows 7 操作系统进行设置。可通过"开始"菜单启动控制面板，在控制面板中默认以"类别方式"显示，用户可通过单击"查看方式"右边按钮切换显示方式。

2.4.1　用户的设置

在 Windows 7 中允许多个用户共同使用同一台计算机，只需要为每个用户建立一个独立的账户，每个用户可以用自己的账号登录 Windows，并且多个用户之间的 Windows 设置相对独立、互不影响。

1. 添加新用户账户

在控制面板中单击"用户"，弹出用户设置窗口（图 2.21），可对相应命令按钮及向导创建一个新账户，完成用户账户添加。

图 2.21　用户管理

2. 更改用户账户

用户可根据实际需要进行更改账户名称、创建或修改密码、更改图片等操作（图 2.22）。

2.4.2　显示的设置

显示设置可以调整显示器的分辨率、亮度等，还可以进行校准颜色操作（图 2.23）。

图 2.22 更改账户

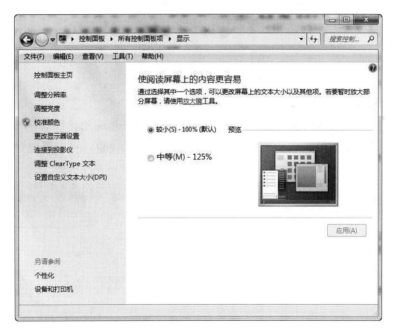

图 2.23 显示设置

2.4.3 打印机的设置

打印机的安装与卸载与 U 盘不同，除了正确连接线缆外，还需要在计算机上安装相应的驱动程序，否则将不能正确打印。通过"添加打印机"命令可以按照向导完成打印机的安装（图 2.24）。

卸载打印机可通过"设备和打印机"窗口，在打印机列表中选择需要卸载的打印机，右击鼠标，在弹出的快捷菜单中选择"删除设备"命令即可。

添加默认打印机，当操作系统挂接了一个以上的打印机，通过指定默认打印机，可以不必每次都选取打印机，同时远程桌面访问系统时，也是使用默认打印机进行打印。

图 2.24　添加删除打印机

2.4.4　鼠标和键盘的设置

选择鼠标和键盘设置（图 2.25 和图 2.26）选项，弹出相应的设置对话框，可以对鼠标指针外形、指针移动速度、双击速度及左右手习惯等进行设置，可设置键盘的重复延迟和重复速度等。

图 2.25　鼠标设置

图 2.26　键盘设置

2.4.5　日期和时间的设置

日期和时间对话框（图 2.27）中可更改日期、时间及时区等基本信息，还可以查看附加时区时钟及设置网络自动同步时钟（图 2.28）。

图 2.27　日期和时间设置

图 2.28　设置网络自动同步时钟

2.4.6　区域的设置

区域的设置（图 2.29）包括计算机所在位置设置（可提供相应的应用程序服务），还包括系统常用日期、时间显示格式的设置（如长日期、短日期、长时间和短时间格式等）。

图 2.29　区域的设置

2.4.7　添加/删除程序的方法

在控制面板窗口中，选择"程序和功能"选项（图 2.30），可列出系统安装的所有程序。选中要处理的程序，单击"卸载/更改"选项，即可完成程序的卸载。

打开或关闭 Windows 功能：可以通过复选框的勾选与否实现 Windows 相应服务的开启或者关闭。

图 2.30　程序和功能

2.4.8　输入法的设置

中文 Windows 操作系统提供了很多输入法，可以通过在"区域和语言"对话框中，选择"键盘和语言"选项卡弹出"文本服务和输入语言"对话框来进行输入法设置（图 2.31），也可进行默认输入法的设置（即当每次启动计算机和程序时，都会使用的输入法设置）。

图 2.31　输入法设置

第3章　文字处理软件

文字是人类文化的重要组成部分。无论在何种视觉媒体中，文字和图片都是两大基本的构成要素。文字排列组合的好坏，直接影响着版面的视觉效果。因此，文字排版是增强视觉效果，提高作品的诉求力，赋予片面审美价值的一种重要构成技术。用户使用任何操作系统都离不开文字处理软件的使用，各种文字处理软件功能基本相通，本章以 Word 2010 为例讲述文字处理的基本操作。

3.1　Word 2010　基　础

Microsoft Word 2010 是微软公司出品的 Office 系列办公软件中的一个组件，是文字处理中应用最多、最广泛的软件之一。通过 Word 可以实现审查文本、文字处理、文本编排、制作表格与图表、制作广告等，还可以在浏览器和移动电话中使用内容丰富且为人熟悉的 Word 功能。

3.1.1　功能

Word 2010 的基本功能包括：文本编辑与操作，图形、图表和表格的创建与编辑，多元素的图文混合排版及打印的页面设置等，这些功能广泛应用于办公、文秘、艺术设计及书本报刊编辑等。

3.1.2　窗口

Word 2010 窗口（图 3.1）布局风格与 Windows 操作系统基本一致。

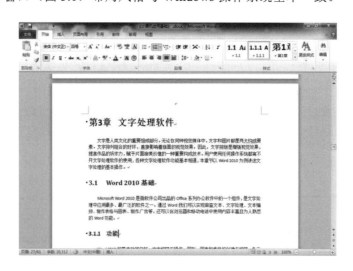

图 3.1　Word 2010 窗口

1. 标题栏

位于窗口顶部，显示正在编辑的文档的文件名和所使用的软件名。

2. 标签栏

标签栏也称"功能区"，由多个选项卡组成，包括软件全部操作命令，取代了传统的菜单操作方式。

3. 工具按钮

功能区中每个选项卡根据功能不同又分为若干个选项组，每个选项组涵盖了该组各种功能对应的命令按钮，可以通过点击按钮完成相应操作。

4. 标尺

标尺有水平标尺和垂直标尺两种，在草稿视图下只能显示水平标尺，只有在页面视图下才能显示水平和垂直两种标尺。标尺除了显示文字所在的实际位置、页边距尺寸外，还可以用来设置制表位、段落、页边距、左右缩进、首行缩进等。

5. 文本编辑区

文本编辑区也称工作区，显示正在编辑的文档内容，可切换不同视图来查看编辑效果。

6. 状态栏

显示正在编辑的文档的相关信息，如当前页面数、字数等。状态栏上设有用来发现校对错误的图标及校对的语言选择图标，还设有用于将键入的文字插入到插入点处的插入图标。

3.2 文 档 创 建

Word 2010 需要创建文档后才能在文档中进行录入及编辑等相应的操作。文档有文档（*.docx）、启用宏的文档（*.docm）模板（*.dotx）、97.2003 文档（*.doc）等多种常用类型。

3.2.1 文档的创建和打开

1. 创建新文档

默认情况下，Word 2010 程序启动的同时会自动新建一个空白文档，并暂时命名为"文档 1"。除了这种自动创建文档的办法外，若在编辑文档的过程中还需要另外创建一个或多个新文档时，可以用以下两种方法来创建。

（1）执行"文件"→"新建"命令。

（2）按快捷键 Ctrl+N，新建文档。

在打开的"新建"面板（图 3.2）中，选中需要创建的文档类型（也称为模板），包括通用型的空白文档模板（Normal.dotm）和内置的多种文档模板，完成选择后单击"创建"按钮。

2. 打开已存在的文档

要对已有的文档进行编辑，首先需要打开文档。

（1）打开文档，可先进入文档所在路径，双击打开。

（2）通过"打开"命令打开文档。

（3）通过"最近所用文件"命令，单击"最近的位置"查看文件，并双击打开。

（4）通过快捷键 Ctrl+O 也可打开文档。

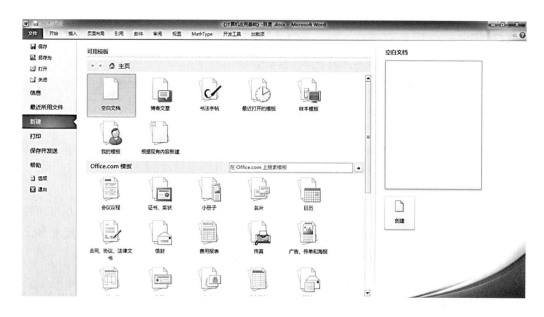

图 3.2 新建文档窗口

3.2.2 文档内容的录入

1. 即点即输

当"即点即输"功能有效时,用户可在文档的空白区域双击,双击处自动出现插入点,这时用户即可在插入点处输入文本内容。

2. 文字的输入

输入文本时,插入点自动向后移动。当用户输入的文本到达右边界时,Word 会自动换行。在输入时要注意:

(1)输入的文本出现在插入指示位置处,且会自动后移。

(2)各行结尾处不要按 Enter 键,一个段落结束才需按 Enter 键。

(3)按 Ctrl+空格键可进行中/英文输入法切换。

(4)Ctrl+Shift 组合键可进行各种输入法循环切换。

(5)对齐文本不要用空格键,用缩进的方式对齐。

3. 符号的输入

(1)标点符号的输入。通过在输入法切换全角和半角符号,使用键盘对应的标点符号按键,可实现中文和西文标点的输入。

(2)特殊字符的输入。在输入文本时,可能要输入一些键盘上没有的符号(如希腊字母、数学符号、图形符号等),此时可依次单击"插入"选项卡→"符号"组→"符号"按钮,在展开的下拉列表中显示了部分特殊符号,若无所需符号则单击"其他符号"选项。在弹出的"符号"对话框中选择所需的符号,然后单击"插入"按钮,即可将选择的符号插入到文档的插入点处(图 3.3)。

也可通过中文输入法软键盘来输入。首先在输入法软键盘图标上右键选择需要的符号类别(图 3.4),然后打开软键盘进行相应特殊字符录入(图 3.5)。

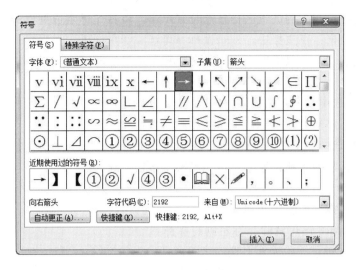

图 3.3　插入特殊符号

图 3.4　软键盘选择相应符号类别　　　图 3.5　利用软键盘录入特殊符号

3.2.3 文档内容的编辑

文档录入完成后,大多还需要进行必要的修订、排版、检查、统计等编辑工作。

1. 文本的选择

对文本进行编辑或者格式设置时,需按照"先选定后操作"的原则,编辑文档最重要的就是快速选中需要编辑的文本,然后进行相应的操作。

(1)选择一行:在文本选择区单击鼠标左键。

(2)选择一个段落:在文本选择区双击鼠标左键;或在文档中三击鼠标可选中当前光标所处段落。

(3)选择一个矩形区域:按住 Alt 键,然后从起始位置拖动鼠标到终点位置。

(4)选择整个文档:在文本选择区连续按三次鼠标左键。

(5)选择任意连续文本块:按住 Shift 键,拖动鼠标选择文本。

(6)选择不连接多个文本块:按住 Ctrl 键,再拖动鼠标选择文本,则可以选择多个不连续的文本块。

（7）光标定位：在文档编辑区，任意位置单击，可将光标定位到单击位置。

（8）选中一个词：在文档中，双击鼠标，可选中一个词语。

要撤销选定的文本，只需在文档中任意位置单击鼠标即可。

2．文本的复制、剪切、粘贴和移动

文本的复制：选中要复制的文本，依次点击"开始选项卡"→"剪贴板"选项组→"复制"按钮，将光标移动到新位置，单击"粘贴"按钮完成。

文本的移动：选中要复制的文本，依次点击"开始选项卡"→"剪贴板"选项组→"剪切"按钮，将光标移动到新位置，单击"粘贴"按钮完成。

3．文本的删除和恢复

删除文本是将指定内容从文档中清除。

（1）按 Backspace 键可清除光标左侧的字符。

（2）按 Delete 键可清除光标右侧的字符或者选中的字符。

恢复删除可以使用"快速访问工具栏"上的"撤销"按钮完成。

4．文本的查找和替换

在一篇很长的文章中找一个字或者词，可以借助于 Word 的查找功能。如果要将文章中的一个词语用另外一个词语来表达，可以使用替换功能。

查找、替换文本，可以通过"查找和替换"对话框（图 3.6）完成。在"搜索"列表框中，可以设定查找范围，"全部"是在整个文档中查找，"向下"是指从当前插入点向后查找，"向上"是指向前查找。也可以使用符进行查找。常用的通配符是"*"和"？"，分别代表"多个任意字符"和"一个任意字符"。

图 3.6　"查找和替换"对话框

5．文本的定位

有时一篇文档内容会较多，甚至长，这时想要查看某页，用鼠标滚动或者翻页键查找十分麻烦。可以使用文本定位功能。"查找和替换"对话框中的"定位"标签（图 3.7）可以引导用户快速定位到指定文档位置。

图 3.7　"定位"标签

6．文本的简繁体转换

通过"审阅"选项卡（图 3.8），"中文简繁转换"选项组中按钮可以自由进行文本的简繁体转换。

图 3.8　"审阅"选项卡

7．文档的字数统计

通过"审阅"选项卡，"校对"选项组中"字数统计"按钮可以统计文档字符数等信息。

8．文档的拼写检查

通过"审阅"选项卡，"校对"选项组中"拼写和语法"按钮可以对文档进行拼写检查。

3.2.4　文档的保存和关闭

编辑的文档在进行保存之前驻留在计算机的内存之中，为了永久保存，在退出之前需要将它作为磁盘文件保存下来。

1．文档的保存

（1）新文档的保存。对新建文档的第一次保存操作时，此时的保存相当于另存为命令，会出现对话框（图 3.9），按向导完成。

1）单击"快速访问工具栏"中的保存按钮。

2）直接按快捷键 Ctrl+S 保存。

3）选择"文件"按钮中的"保存"命令。

（2）已存在文档的保存。对已存在文档打开和修改后，同样可用上述方法保存文档。所不同的是，对已经赋予了文件名的文档再执行"保存"操作时，系统会将当前编辑的文档自动保存在原来的位置下，此时不会出现对话框。

图 3.9 "另存为"对话框

（3）文档的自动保存。默认情况下，Word 软件每 10 分钟会自动后台保存一次文档，以防文档意外关闭后，可以用于恢复文档。用户可以通过"文件"→"选项"→"保存"来调整自动保存时间、路径，或者关闭自动保存（图 3.10）。

图 3.10 自动保存设置

注意：自动保存不能用于替代保存，可能会出现正在编辑的内容没有及时保存而丢失的情况。

2. 文档的关闭

对于暂时不再进行编辑的文档，可以将其关闭。关闭文档有如下方法。

（1）在要关闭的文档中单击"文件"选项卡，然后在弹出菜单中选择"关闭"命令。

（2）按组合键 Ctrl+F4。

（3）单击文档窗口右上角的关闭按钮。

若在文档关闭时还未执行保存命令，则显示对话框，询问是否保存修改的结果。

3.3 文 档 排 版

一个好的、完整的文档，光有内容是不够的，必须对文档进行排版，不同的文档对行文的布局要求也是不一样的。通过对文档的格式排版突出文档的个性和特点，做到页面美观，布局新颖，从而能够引起读者的兴趣。

文档的排版主要包括字符的排版和段落的排版。主要涉及字符、段落格式，项目符号和编号，边框和底纹，样式与模板的设置等。

3.3.1 字符格式的设置

Word 2010 字符格式化的功能非常强大，可以为文档中的文字设置不同的格式，使文字变得漂亮起来，使版面更加清晰、美观。字符格式的设置大部分使用"开始"选项卡（图3.11）完成。

图 3.11 "开始"选项卡

1. 设置字符格式的工具按钮

设置字符格式可通过"字体"对话框（图 3.12）完成，"字体"对话框中提供各种单选、复选、下拉按钮协助用户完成设置。

（1）字体、字形、字号和颜色的设置。适当变换文档中的字体可以使文章结构分明、重点突出。

字形是指文字的显示效果，如加粗、倾斜等。

字号是指字的大小。有两种表示文字大小的方法，一种以号为单位，号数越小，文字越大；另一种以磅为单位，磅数越小，文字越小。

（2）下划线、删除线的设置。中文中为强调文字，经常会为文字加下划线，或者校定稿件时，用删除线表征文本被删除。

（3）文本显示效果的设置。文本显示效果是指文本的艺术展示，包括轮廓、阴影、映像和发光设置。

（4）上下角标的设置。通过上下角标按钮可以自由地切换文本处于上标和下标状态，实现特殊排版效果。

（5）边框和底纹的设置。可以通过字符边框按钮和字符底纹按钮为文本设置简单的边框和底纹效果，也可以通过段落选项组中的边框和底纹对话框为文本添加复杂的边框和底纹效果。

（6）中文版式的设置。中文特有的排版设计需求可以通过"段落"选项组→"中文版式"按钮设置。

拼音指南的设置：可以为文字添加拼音。

带圈字符的设置：可以为文字添加圆形、方形、三角形、菱形等外圈效果。

纵横混排的设置：下拉按钮可以设置纵横混排，完成文字按行高纵横切换。

合并字符的设置：如上位置，可以设置多个字符合并为一个字符占位显示。

双行合一的设置：可以将两行字符以一行字符高度显示。

（7）突出显示的设置。突出显示是一种显示的设置，支持多种颜色，主要是为了审阅的标记或者查找上的方便，可以在视图选项卡阅读视图下设置是否突出显示。

（8）格式的复制和清除。格式的复制可以使用"格式刷"命令：选中要复制的格式的文本，单击"格式刷"命令，再选中目标文本，可实现格式复制，也可双击"格式刷"命令，激活复制状态，连续多次使用"格式刷"。

可使用"清除格式"命令，清除选中文本的格式。

2. 字符间距的设置

字符间距是指文本中相邻字符之间的距离，包括标准、加宽和紧缩三种类型（图3.13）。

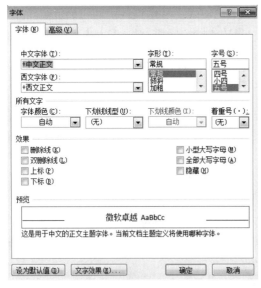

图 3.12　"字体"对话框

图 3.13　字符间距设置

3. 样式的使用

在排版文档时，经常要设置一些具有多种文本格式且格式统一的文本内容。每排版一次，内容都需要执行很多次系统命令，那将大大增加重复的工作。样式的使用可以简化排版操作，节省排版时间，提高排版速度。样式是一套预先定义好的文本格式，文本格式包括字体、字号、缩进等，并且样式有自己的名字。样式可以应用于一段文本，也可以应用于几个字符，所有格式都一次完成设置。具体操作可通过"样式"对话框完成（图 3.14）。

（1）标准样式的使用。标准样式也称内置样式，是安装 Word 软件本身自带的各种样式。用户使用时，可以直接单击应用于文本即可。

（2）用户自定义样式的使用。用户自定义样式是在内置样式无法满足需求时，根据文档需要由用户自己创建的样式，使用时先要新建，才能再次应用于其他文本。

熟练掌握格式、样式，可更好地对文字内容进行美化和高效修饰（图 3.15）。

图 3.14　"样式"对话框

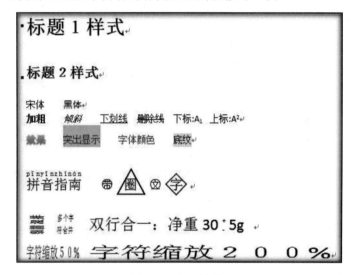

图 3.15　字符格式

3.3.2 段落格式的设置

Word 2010 输入文字时，每按一次回车键，就表示一个自然段落的结束，并显示段落标记符"↵"。段落标记符不仅用来标记一个段落结束，还保留着有关段落的所有格式设置，如段落样式、对齐方式、缩进大小、行距以及段落间距等（图 3.16）。

1. 段落间距的设置

段落间距是指段落与段落之间的间隔，包括间距、段后间距、段内行间距。设置段落间距有两种方法：

（1）直接点击"行和段落间距"按钮。

（2）在"段落"对话框中进行设置。

2. 对齐方式的设置

段落的对齐方式分为左对齐、右对齐、居中对齐、两端对齐和分散对齐。

3. 缩进的设置

段落缩进是指段落相对于左右页边距向页内缩进的一段距离。段落缩进可以将一个段落与其他段落分开，使得条理更加清晰、层次更加分明。

段落缩进包括首行缩进、悬挂缩进、左缩进、右缩进。

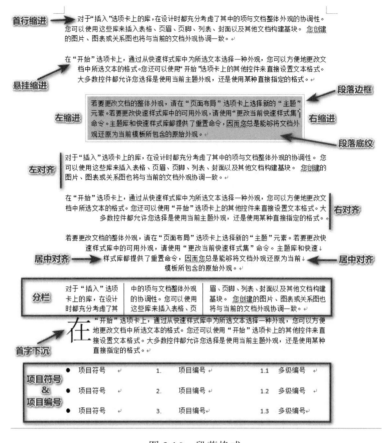

图 3.16 段落格式

4. 边框和底纹的设置

与字符边框和底纹一样，可以为整个段落的文字设置边框和底纹。

5. 制表位的使用

制表位是指按 Tab 键后，插入点移动到的位置，其作用是使得各行文本之间的列对齐。默认制表位是从标尺左端开始自动设置，各制表位之间的距离是 0.75 厘米。如果需要其他间隔的制表位，需要用户手动设置。

制表位有 5 种对齐：小数点对齐、左对齐、右对齐、竖线式对齐、居中式对齐。

6. 首字下沉的设置

首字下沉效果是段落的第一个字符嵌入文本框，实现特殊的下沉效果，可通过"插入"选项卡→"文本"选项组→"首字下沉"命令实现。

7. 分栏的设置

在报纸和杂志的排版中经常用到分栏，以便于阅读和紧凑排版。

Word 提供了多种分栏方式，可通过"页面布局"选项卡→"页面设置"选项组→"分栏"命令实现。

8. 项目编号和项目符号的使用

项目符号是指放置在文本前以强调效果的各类符号，项目编号是指放置在文本前具有一定顺序的字符，以方便阅读。用户可以使用系统提供的项目符号和编号，也可以自定义项目符号和编号。

项目编号的使用：选中文本后，点击"项目编号"按钮可完成设置。

项目符号的使用：选中文本后，点击"项目符号"按钮即可完成。

多级列表的使用：选中文本后，点击"分级列表"按钮即可完成相应设置。

9. 页面控制的使用

中文的排版习惯，相邻段落表达同一个内容时，为不影响阅读，习惯上将相邻段落置于同一个页面。这就需要设置段落的换行与分页。

（1）与下段同页。在"段落"对话框中可进行设置，该设置可以避免指定段落在页面结尾处与下一段落分排在两个页面，给阅读带来便利。直观讲就是说当前页设置的这一段落，设成与下段同页了，如果下一段在当前页则没什么变化，如果下一段在下一页上，则不管设置的当前段是否叙述完都要自动整段落移到下一页。

（2）孤行控制。孤行是指单独打印在一页顶部的某段落的最后一行，或者是单独打印在一页底部的某段落的第一行。孤行控制的设置是防止这种排版现象的出现，系统会自动调整将这一行排版到上一页结尾或者下一页开头。

3.3.3 页眉和页脚的设置

页眉是位于打印纸顶部的说明信息，页脚是位于打印纸底部的说明信息，页眉和页脚的内容可以是页码，也可以是输入的文本信息。通常可用文章标题作为页眉的内容，或者将企业 LOGO 插入页眉中，页眉和页脚不需要每页都创建，只需要在版式设计时一次性为全部文档添加即可。

1. 页眉的设置

页眉的设置是通过"插入"选项卡→"页眉和页脚"选项组→"页眉"命令完成，按向导首先选择页眉样式，再编辑页眉内容。

2. 页脚的设置

页脚的设置是通过"插入"选项卡→"页眉和页脚"选项组→"页脚"命令完成，按向导首先选择页脚样式，再编辑页脚内容。

3. 页码的设置

页码的设置是通过"插入"选项卡→"页眉和页脚"选项组→"页码"命令完成，按向导首先设置页码位置及样式，再编辑页码格式，包括起始页和是否续前节。

3.3.4 页面的设置

页面的设置是指文档在打印之前进行的设置，包括页边距、纸张、版式等内容，主要通过"页面布局"选项卡（图 3.17）实现，通过页面设置，可使文档页面排版更美观、便捷，符合排版需求（图 3.18）。

图 3.17 "页面布局"选项卡

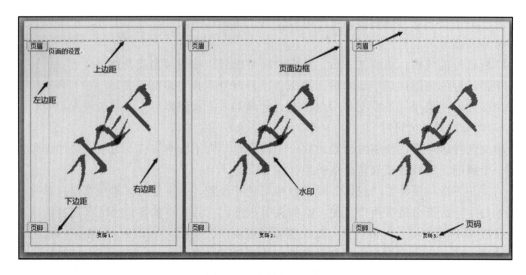

图 3.18 页面布局示例

1. 页边距的设置

页边距的设置包括上、下、左、右边距的设置及装订线的位置设置。

2. 页面边框的设置

为了美化页面和标记文本所占纸张位置，可以设置页面边框来完成。

3. 页面背景和水印的设置

文档内容可以添加背景和水印来实现个性化。

4. 插入分页符和分节符

文档编辑过程中，章节开头等时常会需要另起一页，可以手动插入分页符和分节符来实现。必须要理解分页符和分节符功能和区别。分页符是在章节内另起一页，分节符有时也可起到另起一页的效果，但本质不同，每插入一个分节符，文档中页面排版（如纸张大小、页边距、页眉、页脚等）便可以多了一种设置选择。

5. 文字方向的设置

在实际的排版需要时，不只是通常的横向排版，页面上根据不同需要，有时需要文字纵向排列，或者按指定倾斜角度排列，这时就需要设置文字方向来实现。

6. 纸张的设置

纸张尺寸的设置：点击"纸张大小"按钮来完成操作。

纸张方向的设置：点击"纸张方向"按钮来完成操作。

稿纸的设置：有时候需要一些比较书面正式的信稿，可以通过"稿纸"按钮来完成，使得书稿变得正式而美观。

7. 每页行数和每行字数的设置

为了排版更加整齐，也可以通过设置文档网格来指定页面上每页行数和每行字数，控制每页字数及行列对齐排列。

8. 显示方式的设置

Word 有页面视图、阅读版式、Web 版式视图、大纲视图和草稿视图 5 种。

3.4 表 格 制 作

表格也是 Word 软件的一个编辑对象，表格由若干行和若干列组成，行列的交叉称为单元格。单元格内可以输入文字、图片，甚至还可以插入另一个表格，实现更复杂的排版。Word 提供了丰富的表格处理功能，包括建立、编辑、格式化、排序、公式计算及表格与文本间的相互转换等。

3.4.1 表格的创建

根据实际需要，Word 提供了多种创建表格的方法。

1. 插入空表的方法

通过“插入表格”按钮，可以自动创建指定行数、列数的表格（图 3.19）。

2. 绘制表格的方法

通过“绘制表格”命令，直接手动绘制表格。

3. 文本转换成表格的方法

可将具有统一分隔标记的文本，直接转换成表格（图 3.20）。

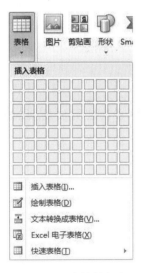

图 3.19 表格的创建

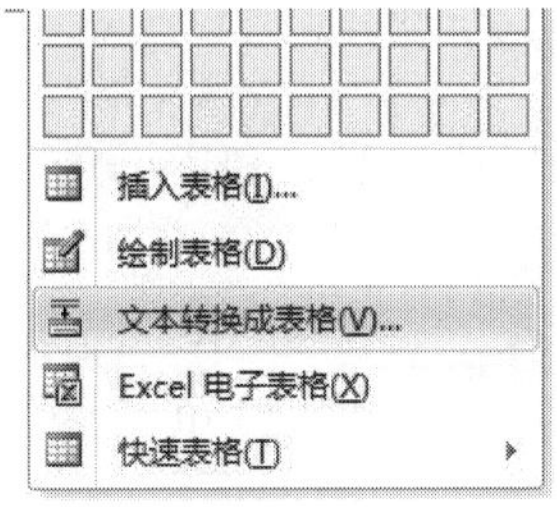

姓名→学号→爱好
张三→0 1→足球
李四→0 2→篮球
王五→0 3→唱歌
赵六→0 5→钢琴

姓名	学号	爱好
张三	0 1	足球
李四	0 2	篮球
王五	0 3	唱歌
赵六	0 5	钢琴

图 3.20 文本转换为表格

3.4.2 表格的编辑

创建表格后，仍可以对表格进行编辑和修改（图 3.21）。例如：改变单元格内容、增加行或列、改变行高或列宽、进行单元格合并或拆分等。

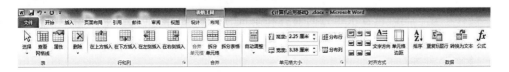

图 3.21 表格对应的浮动选项卡

1. 表格内容的录入

单击选定单元格后，即可在单元格中录入文本。

2. 表格对象的选择

选定一个单元格：单击单元格内左侧的选定区。

选定一行：单击该行左侧的行选定区。

选定一列：单击该列上边的列选定区。

选定多个单元格、行或列：按住鼠标左键拖动；先选定开始的单元格，再按 Shift 键并选定结束的单元格。

选定整个表格：单击表格左上角的十字手柄；使用选定多行或多列的方法完成；按 Alt键的同时双击表格左侧行选定区。

3. 表格对象的插入、删除、剪切、复制、粘贴

行、列的插入：选定行（列），将光标定位于该行（列），浮动的"布局"选项卡完成操作。

行、列的删除、剪切、复制：选定行（列），在浮动的"布局"选项卡中可完成删除操作，在"开始"选项卡→"剪贴板"选项组中，可进行剪切、复制和粘贴操作。

单元格的插入和删除：与行、列操作类似。

4. 行高和列宽的设置

设置行高和列宽可以利用表格边框线、利用标尺上的表格行标记或列标记、利用"表格属性"对话框和自动调整的方法实现。

5. 单元格的合并和拆分

在浮动的"布局"选项卡中，可以通过单元格的合并和拆分构建更加复杂的表格布局。

6. 表格的合并和拆分

有些场合需要对创建的表格进行拆分，一分为二成两个表格。操作方法如下：

首先将光标定位至作为下一个表格第一行的任意单元格内，按 Ctrl+Shift+Enter 快捷键，即可完成拆分操作，该操作也可通过"布局"选项卡中"拆分表格"命令按钮完成；如果按 Ctrl+Enter 快捷键，可将表格拆分至不同的两个页面。

拆分后的表格可以通过选中表格间空白处，单击 Delete 键删除空白，即可完成合并。也可通过拖动表格的十字手柄，拖动到上一个表格相应位置完成操作。

注意：表格只能进行水平拆分，不能进行垂直拆分。

3.4.3　表格的格式

1. 单元格内容的对齐

单元格内容的对齐包括垂直方向对齐和水平方向对齐。单元格内容水平方向对齐与段落对齐操作一致。同时设置水平方向对齐和垂直方向对齐可以通过菜单命令"单元格对齐方式"实现。

2. 表格的对齐

表格的对齐只有相对于页面左右边距水平方向的对齐，分为左对齐、右对齐和居中对齐（图 3.22）。

标题行				
左对齐				右对齐
左对齐	左上	中上	右上	右对齐
左对齐	左中	正中	右中	右对齐
左对齐	左下	中下	右下	右对齐
左对齐				右对齐

图 3.22 表格对齐

3. 表格边框和底纹的设置

首先选定需要设置边框或底纹的单元格区域，然后在"设计"选项卡中，完成边框或底纹的设计（图 3.23）。

图 3.23 表格的边框和底纹

4. 表格样式的使用

Word 也提供了丰富的内置表格样式，用户可以直接使用这些表格样式完成表格的格式化。和文字样式一样，用户也可以创建自定义表格样式。

5. 表格标题行的重复

当表格很长并跨越多页时，表格会自动分页，但在默认情况下，后继页的表格没有表格标题。通过设置自动重复表格标题，可以实现每一页表格都有同样标题行。

6. 表格转换为文本

使用"转换为文本"命令，可以将表格转换为文本，然后即可使用文本的编辑方法进行编辑。

7. 表格与文本的排版

通过设置表格的环绕方式，可以实现表格与文本的混排（图 3.24）。

图 3.24　"表格属性"对话框

3.4.4　表格的数据处理

相对于 Excel 而言，Word 提供了相对简单的表格数据处理功能。可以实现对表格中的数据进行排序、简单计算等处理。

1. 表格中数值的排序

Word 中可以对表格按数字、笔画、拼音、日期等方式以升序或降序进行排列，可以选择依照某一列进行排序，也可以选择依照多列进行排序（图 3.25）。

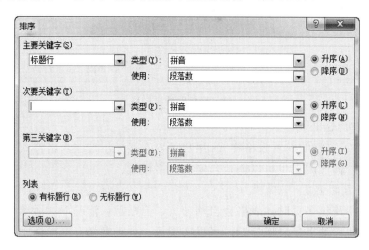

图 3.25　表格排序

2. 表格中数值的计算

对表格中的数据可以进行加、减、乘、除等基本运算，还可以使用常用的统计函数实现计算。

图 3.26　表格中插入公式

要使用公式中函数实现对表格数据计算，可以通过"布局"选项卡→"公式"命令实现操作（图 3.26）。

3. 由表格生成图表

由表格生成图表，需要使用插入图表命令。首先复制表格内容，然后选择插入图表命令，当向导弹出电子表格时，用复制内容覆盖电子表格中原有内容，即实现由表格生成图表操作（图 3.27）。

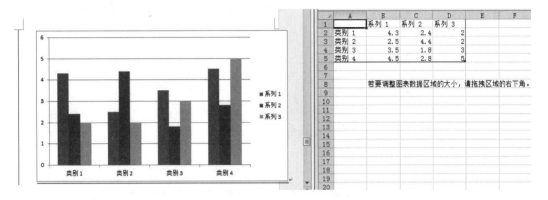

图 3.27　表格与图表

3.5 图 文 混 排

为使一篇文档具有图文并茂的效果，可以在文档中插入各种类型的图形、图片，与文本一起进行排版，这种图文混排正是 Word 特色功能之一（图 3.28）。

3.5.1 图片的处理

1. 剪贴画的插入

剪贴画是安装 Word 软件时，软件自带的内置图片，可通过插入剪贴画命令直接实现操作（图 3.29）。

2. 图片的插入

图 3.28　插图选项组

与剪贴画插入类似，可通过"插入图片"对话框实现图片插入操作（图 3.30）。

（1）图片的旋转。选中图片，在浮动的"格式"选项卡→"旋转"命令可实现图片旋转操作。

（2）图片的剪裁。某些设计需要截取图片中最需要的部分，可以使用浮动的"格式"选项卡→"裁剪"按钮，完成操作。

3. 图片的格式

图片插入后，可通过"格式"浮动选项卡对图片格式进行设置，鼠标单击选中图片后，会在功能区出现"格式"浮动选项卡（图 3.31）。

图 3.29 "剪贴画"对话框   图 3.30 "插入图片"对话框

图 3.31 "格式"浮动选项卡

（1）图片边框的设置。可通过"图片边框"命令，使用不同粗细、类型的线条为图片添加边框。

（2）图片效果的设置。图片效果包括预设、阴影、映像、发光、柔化边缘、棱台、三维旋转等设置内容，用户可根据需要对图片进行美化。

（3）文字环绕方式的设置。图片的文字环绕方式决定了图文混排时文字与图片的相对位置（图 3.32）。

1）嵌入式。嵌入式的图片在文档中被作为一个字符对象处理，就像一个文字一样，不能任意移动其位置，只能作为一个文字移动。

2）浮动式。浮动式文字环绕方式，图片与文字相对位置可任意排放。

3.5.2 图形的处理

通常情况下，图形是矢量图，是

图 3.32 图片的文字环绕设置

安装 Word 软件时自带的，无需另行下载。默认情况下，在文档中通过插入形状，可以创建内置样式的图形。

1. 图形的插入

用户可通过插入形状命令，在插入点创建自选图形，并可以设置插入时自动创建画布，从而在绘图画布中编辑自选图形。

2. 向图形中添加文字

用户可通过右键快捷菜单在封闭图形中添加文字。

3. 图形的格式设置

图形的格式与图片的格式相似，即设置形状轮廓、填充、效果等（图3.33）。

图形轮廓的设置：图形轮廓与图片边框相似，选中图形可通过形状轮廓命令为图形加所需边框线。

图形填充色的设置：可通过形状填充命令为封闭图形填充不同的颜色。

图形效果的设置：与图片效果设置类似，可以为形状设置所需要的效果。

文字效果的设置：文字效果与文本效果设置相似，可设置字体、字号、颜色等。

图形的叠放：两个或多个图形对象重叠在一起时，最近绘制的那一个总是覆盖其他的图形。利用"排列"命令可以调整各个图形之间的叠放关系。

3.5.3 文本框的处理

文本框是一个特殊的图形对象，可以作为文字和图片的容器，方便用户进行复杂的排版设计（图3.34）。

1. 文本框的插入

插入文本框按钮可在插入点创建一个文本框，也可以直接在编辑区绘制一个文本框。

2. 文本框的格式

文本框格式设置与图形相似，也包括边框、颜色填充等。

 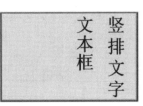

图 3.33　图形的格式设置　　　　　图 3.34　文本框的应用

3.5.4 艺术字的处理

有些情况需要在文档中插入非常大的字体，而且字体样式和格式需求也比较复杂，这种情况可以使用艺术字（图3.35）来解决。

1. 艺术字的插入

插入艺术字命令可在文档中创建所编辑文本对应的艺术字。

2. 艺术字的格式

艺术字的格式包括轮廓、填充、效果等常见设置。

图 3.35　艺术字特效

3.6　文　档　审　阅

文档审阅通过"审阅"选项卡（图 3.36）实现文档校对、批注、修订、比较及保护功能。

图 3.36　"审阅"选项卡

3.6.1　批注的使用

批注是一类特殊文本，它位于文档页面之外，对页面内的文档内容进行必要的注释（图 3.37）。

图 3.37　文档的批注

1. 批注的添加和删除

使用"新建批注"命令，可创建一个指向选中文本的批注。

2. 批注所有者的修改

"文件"→"选项"→"常规"对话框中可以修改批注的所有者（图 3.38）。

3.6.2　文档的修订

1. 修订的标记

启动修订状态后，对文档的所有操作均可以批注形式标注于审阅窗格中（图 3.39）。

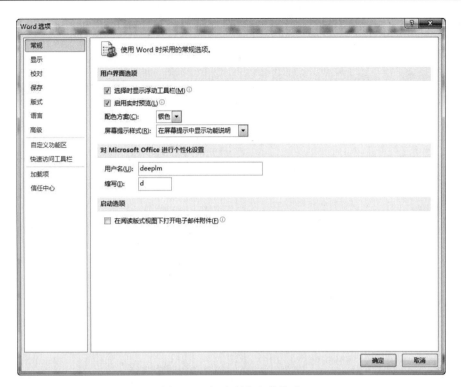

图 3.38　批注所有者的修改

图 3.39　文档的修订窗格

2. 修订的接受和拒绝

用户可以自行查看修订内容，并选择接受或者拒绝修改（图 3.40）。

图 3.40　修订的接受与拒绝

3.7　其 他 功 能

常用其他功能包括拼写和语法检查、字数统计、自动更正等。拼写和语法检查可帮助用户发现语法错误，字数统计可帮助用户统计文档中页数、字数、字符数等信息，自动更正（图 3.41）可帮助用户自行校正常见错误，也可借用此功能实现快速录入高频词句。

图 3.41　自动更正的设置

3.7.1　题注、脚注和尾注的使用

为更好地注释文档内容，Word 提供了"引用"对文档内容进行注释，它们和批注功能类似，但处于页面内，且可以和正文之间相互引证，通过鼠标点击切换查看。常用的引用有目录、题注、脚注和尾注（图 3.42）。

1. 题注的插入

文档中插入的图片、表格、图表等对象均可为其设置题注，为需要时生成题注目录。

2. 脚注的插入

脚注的位置位于页面左下角，对文档内容进行注释，主要用于期刊编排作者介绍等内容。

3. 尾注的插入

尾注位于文档结尾，对文档内容进行注释，主要用于参考文献的编排。

3.7.2　公式的编辑

在一些专业中经常要用到公式，Word 也提供了公式编辑器来实现这一需求（图 3.43）。

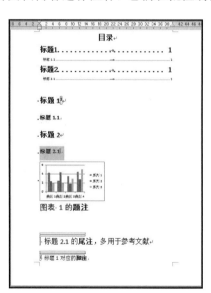

图 3.42　文档的常用引用

$$f(x) = a_0 + \sum_{n=1}^{\infty} \left(a_n \cos \frac{n\pi x}{L} + b_n \sin \frac{n\pi x}{L} \right)$$

图 3.43 公式的编排

1. 公式的插入

插入公式命令可以文档插入点处，创建公式编辑框，可在其内编辑公式。

2. 公式的格式

公式的格式可以通过浮动的"设计"选项卡（图 3.44）来设置，主要包括字符使用、公式结构设计和公式在文档中的位置等设置。

图 3.44 "设计"选项卡

3.7.3 目录的创建

长文档的阅读及编排都需要借助目录来实现。目录的显示与文档的大纲级别设定相关联。长文档目录的编排首先是对长文档大纲级别进行规划和设定。大纲级别可在前面学习的段落中进行设置，也可以通过套用内置样式来间接设置。

最为直观的设定方法是切换至大纲视图来进行设置（图 3.45）。

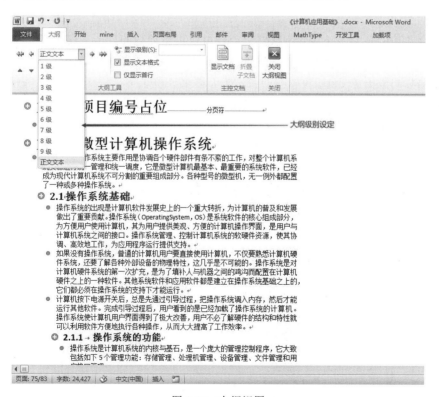

图 3.45 大纲视图

1. 目录的生成

文档和各部分设置完大纲级别，就可以通过"引用"选项卡→"目录"按钮，根据需要生成指定大纲级别的目录（图 3.46）。

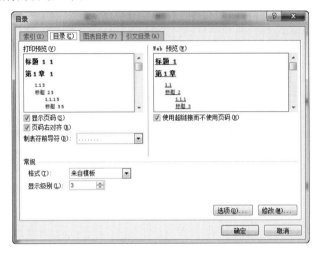

图 3.46　插入"目录"对话框

2. 目录的修改

目录的修改可以使用"引用"选项卡→"目录"选项组→"更新目录"按钮完成，软件会自动更新整个目录。

3.7.4　邮件合并功能的应用

邮件合并功能是 Office Word 软件中一种可以批量处理的功能。在 Office 中，先建立两个文档：一个包括所有文件共有内容的 Word 主文档（如制作邀请函，图 3.47）和一个包括变化信息的数据源 Excel（填写的收件人、姓名、称谓等，图 3.48），然后使用邮件合并功能在主文档中插入变化的信息，合成后的文件用户可以保存为 Word 文档，可以打印出来，也可以以邮件形式发出去。

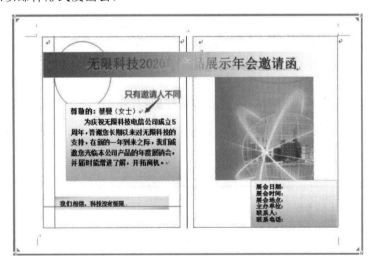

图 3.47　邀请函主文档

	A	B	C	D	E	F	G	H
1	客户姓名	性别	职务	电话	传真	电子邮件	地址	邮编
2	蔡曼	女	经理		88253256		北京市海淀区二里庄8337信箱	500040
3	曹冀鲁	女	经理		88367960		北京市海淀区知春路49号西格玛中心6层	500044
4	曹宁	女	经理		28275457		北京市海淀区库西路56号	500041
5	曹阳	女	科长		23546789		北京市太平路23号西173信箱	500042
6	车海艳	女	科长		21345678		北京市东城区东四十条94号	500141
7	陈海波	女	科长		22345678		北京市太平路23号西173信箱	500142
8	陈海卫	女	科长		23345678		北京市海淀区二里庄833信箱	500052

图 3.48　邮件合并数据表

邮件合并功能通过"邮件"选项卡（图 3.49）来操作。非常适合打印邀请函、通知书等文档，主要内容基本相同，只有个别数据有变化，需要打印很多份形式的文档。

按照邮件合并向导可以很方便地完成邮件合并功能的应用。具体步骤如下：①创建文档内容；②选择收件人；③编辑收件人列表；④插入合并域；⑤预览结果；⑥完成并合并。

接下来就可以指定记录进行批量打印了。

图 3.49　"邮件"选项卡

3.7.5　文档模板的使用

模板类似于制作点心的模具，使用模具制作出来的点心具有完全相同的外观。模板是一种特殊的文档，保存了各种设置。可以再有重复排版需求时调用（图 3.2，新建文档时可以使用模板），简化排版操作，节省排版时间，提高排版速度。

1. 模板的用途

模板用于保存文档结构、自定义样式等信息，以便再次使用，提高效率。

2. 标准模板的使用

标准模板是每次新建文档时，软件自动调入的模板，包括软件所有内置样式。

3. 自定义模板的建立

用户可以将文档以*.dotx 文件保存，即可创建自定义模板，并在需要时基于模板创建文档。模板中的自定义样式均可直接应用。

3.7.6　文档的版本

Word 设置了自动保存后，每隔指定时间会自动保存文档至硬盘形成文件，这些文件就是文档的不同版本（图 3.50）。在文档正常保存关闭前，可以进行版本管理，如恢复之前保存的文档内容。特别提醒：只有在文档没有保存异常关闭时，这些自动保存文档才能保留，一旦保存并关闭文档，自动保存的临时文档就会自动清除。

1. 文档版本的用途

（1）通过"文件"→"信息"→"管理版本"对文档进行恢复。

图 3.50　文档版本管理

（2）通过"审阅"→"比较"命令来对比不同版本文档内容，对两者之间差异自动进行标注。

2. 文档不同版本的建立

通过设置自动保存可以在指定时间间隔自动创建文档的不同版本。

文档的自动保存通过"文件"→"选项"→"保存"来进行设置（自动保存设置参照3.2.4 节内容）。

3.7.7　文档的安全性

为防止编辑好的文档，因为误操作而更改，可以通过密码认证实现对部分操作的编辑限制，确保文档安全性。

1. 文档内容限制编辑的方法

"审阅"选项卡→"保护"选项组→"限制格式和编辑"对话框，可以对指定样式设置格式限制，也可以对特殊操作之外的内容进行编辑限制（图 3.51）。

2. 文档打开密码的设置

通过"文件"→"信息"→"权限"可对文档设置密码加密（图 3.52）。启动上述设置后，每次打开文档会弹出输入密码对话框。设置密码的文档，一旦密码丢失将无法恢复。

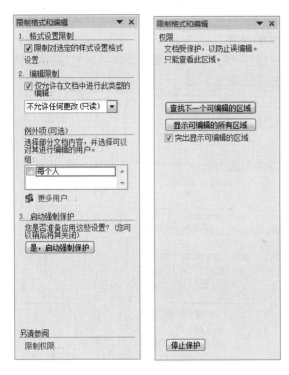

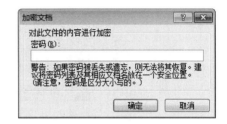

图 3.51 限制格式和编辑启用与停止   图 3.52 文档密码设置

3.8 打 印 及 预 览

"文件"菜单→"打印"命令可以设置打印选项和预览打印效果(图 3.53)。

图 3.53 打印窗口

3.8.1　打印范围的设置

通过设置起始页、终止页完成打印范围的设置。

例如：可设置打印自定义范围："1～50""1，3，5"或者"1～3，5"等方式设置综合设置连续和不连续的页面打印（图 3.53）。

3.8.2　预览比例的调节

拖动预览区右下方滑动条上的滑块可以实现预览比例调节。

3.8.3　打印页面的缩放

可通过设置"缩放至×××纸张"或者"每版打印×××页"来实现打印页面的缩放（图 3.54）。

图 3.54　打印页面的缩放

第4章 电子表格软件

Excel 是微软办公自动化软件套装中的电子表格程序，目前 Microsoft Excel 2021 是 Excel 的新版本，先前版本包括 Excel 2013、Excel 2010 和 Excel 2007 等。本书以 2010 版本为例，介绍相关功能。Excel 2010 可以通过比以往版本更多的方法分析、管理和共享信息，从而更高效、更灵活地完成生成财务报表、管理个人支出等目标。

4.1　Excel 2010　基　础

使用 Excel 可以创建工作簿、设置工作簿格式并分析数据，还可以跟踪数据，生成数据分析模型，编写公式以对数据进行计算，以多种方式透视数据，并以各种具有专业外观的图表来显示数据。

Excel 作为最流行的电子表格处理软件，使用范围非常广泛，在以下这些领域常常被用到：编制财务报表（例如现金流量表、收入表、损益表）；创建预算（例如市场预算计划、活动预算、退休预算）；管理账单和销售数据；创建数据分析报表；创建计划（例如每周课程计划、市场研究计划、年底税收计划）；创建表单（例如发票、采购订单）；创建教学日程表；创建财政年度日历等。

4.1.1　功能

Excel 的功能大致可以分为以下几类。

1. 创建电子表格

Excel 能够方便地制作出各种电子表格，使用公式和函数对数据进行复杂的运算，它提供的空白工作表数据容量非常大，能满足较大数据处理的业务需要。空白单元格可以直接填入数据，Excel 也提供了强大的导入功能建立电子表格。Excel 支持多种数据类型，会自动区分数字型、文本型、日期型、时间型、逻辑型等数据。提供快捷方便的行、列或单元格的表格数据编辑功能。在布局设计方面也提供了对数据进行字体、大小、颜色、底纹等的修饰功能。

2. 数据管理

Excel 可以对工作表中的数据进行检索、分类、排序、筛选等操作，利用函数完成各种数据分析。它还提供了数据透视表、模拟运算表、切片器等数据分析工具。

3. 制作图表

Excel 提供了多种基本的图表，包括柱形图、饼图、条形图、面积图、折线图、气泡图以及三维图。图表根据电子表格数据源来直接选取建立，方便快捷。图表的编辑工具可以对标题、坐标轴、网络线、图例、数据标志、背景等进行设计，添加文字、图形和图像。

4. 数据网上共享

Excel 2010 版本有网络功能，可以获取互联网上的共享数据，也可将本地的工作簿设置成共享文件。

4.1.2 窗口

Excel 2010 的界面如图 4.1 所示，这是一个打开的"个人年度收支表"的电子表格，下面介绍一下界面的各个部分。

图 4.1 Excel 2010 界面

1. 标题栏

标题栏顶部是标题栏，显示打开文件的文件名称。左上角是一个快速访问工具栏，包含一组用户使用频率较高的工具，如"保存""撤销"和"恢复"。用户可单击"快速访问工具栏"右侧的倒三角按钮，在展开的列表中选择要在其中显示或隐藏的工具按钮。

2. 功能标签栏

功能标签栏位于标题栏的下方，是一个由几个选项卡组成的区域，Excel 2010 将用于处理数据的所有命令组织在不同的选项卡中，这就是功能标签栏，例如"页面布局"功能标签栏选项卡负责包含所有页面设计与布局相关的命令按钮。

3. 工具按钮

单击不同的选项卡标签，可切换功能区中显示的工具命令。在每一个选项卡中，类似的命令被放置在相同的组中。例如"开始"选项卡标签栏，分成了"剪贴板""字体""对齐方式""数字""样式""单元格"等组，"剪贴板"组又包含了复制、剪切、粘贴相关的所有命令按钮。

每个组的右下角通常有一个对话框启动器按钮，是一个小三角，点击后可以打开与该组命令相关的对话框，进行更详细的操作设置。

4. 编辑栏

编辑栏主要用于输入和修改活动单元格中的数据。当在工作表的某个单元格中输入数据时，编辑栏会同步显示输入的内容。

5. 表格编辑区

表格编辑区用于显示或编辑工作表中的表格以及表格中的数据。

6. 表格标签栏

在界面左下角，显示每个工作表的名称，单击名称可切换到相应工作表。新建电子表格有 3 个工作表，分别为 Sheet1、Sheet2、Sheet3，可以修改工作表标签的名称。

7. 状态栏

界面最下面是状态栏，当用户在工作表中选中一组数据时，状态栏中会显示出这组数据的平均值、计数和求和值。如果在状态栏上单击鼠标右键，选择"最大值"和"最小值"，则可以把这两个信息也显示到状态栏中。

4.1.3　基本概念

使用 Excel 软件时，要明晰以下几个基本概念。

1. 工作簿

使用 Excel 软件创建的一个文件就是一个工作簿。

2. 工作表

工作簿由工作表组成，工作表是一个由行和列构成的表格，行号显示在左侧，依次用数字从 1 开始表示；列标显示在上方，依次用字母从 A 开始表示。

3. 单元格

工作表编辑区中每一个小格就是一个单元格，每一个单元格都可用其所在的行号和列标标识，如 A1 单元格表示位于第 A 列第 1 行的单元格。

工作簿就像是一本书，而书的每一页就像是一个工作表，书的每一页都是一个完整的数据表，单元格就是书中数据表的一个数据。

4. 区域

单元格区域可以是一个单元格或者多个单元格组合。组合可以是多个连续或者非连续单元格组成的区域，也可以是整行或者整列。

4.2　工作表创建

新建工作簿可以单击"文件"选项卡，在打开的界面中单击"新建"项，在窗口中部的"可用模板"列表中单击"空白工作簿"项，然后单击"创建"按钮，也可以按 Ctrl+N 组合键新建空白工作簿。

保存工作簿可单击"快速访问工具栏"上的"保存"按钮，也可以按 Ctrl+S 组合键。如果要另存为，可以单击"文件"选项卡，打开"另存为"对话框，在其中选择工作簿的保存位置，输入工作簿名称，然后单击"保存"按钮。

打开工作簿后，在"文件"选项卡中列出了最近使用过的工作簿，单击某个工作簿名就可以打开文件。

4.2.1　工作表的创建

创建完 Excel 文件后，就要开始创建工作表了。

1. 单元格的选取

直接用鼠标左键单击或者拖动就可以选取单个单元格或者单元格区域。如果想选中不相邻的单元格区域，可以先选中一个单元格，然后按住 Ctrl 键不放，再选择其他的单元格。

2. 数据的直接输入

要在单元格中输入数据，可以单击该单元格，然后输入数据；也可在单击单元格后，在编辑栏中输入数据，单击编辑栏中的"输入"按钮确认。

（1）文本的输入。文本是指由汉字、英文、数字组成的字符串，属于文本类型的数据。文本默认会沿单元格左侧对齐。

（2）数值的输入。数值型数据的输入是最常见的。数据由数字、符号、小数点、分数符号"/"、百分号"%"、指数符号"E"或"e"、货币符号"￥"或"$"和千位分隔号"，"等组成。数值默认沿单元格右侧对齐。输入负数可以在数字前加一个负号或给数字加上圆括号，输入分数可以先输入一个空格，再输入"分子/分母"。

单元格中显示 #####是单元格不够宽，无法显示该数据。只需要拖动单元格的列的右边界，直至列的宽度达到所需要的大小。

当用户输入数字后，需要把数字当作非计算值使用时，可以先在单元格中应用"文本"格式，然后再输入数字。

当默认的数值格式不符合用户需求时，可以自定义数据格式，在"单元格格式"对话框中选择"自定义"设置。利用 Excel 的"有关自定义数字格式的准则"来设置，数字格式最多可包含四个代码部分，各个部分用分号分隔。这些代码部分按先后顺序定义正数、负数、零值和文本的格式。例如：如果用户键入 8.9，但希望单元格显示为 8.90，可以在自定义格式中使用"#.00"，其中井号和数字零都是占位符。

（3）日期的输入。日期和时间在存储时是作为数字处理的，用斜杠"/"或者"-"来分隔日期中的年、月、日部分；用冒号分开时间的时、分、秒。按照格式输入，Excel 能够识别出输入的日期和时间格式。

3. 数据的自动输入

Excel 可以通过有规律数据的自动填充功能实现自动输入。当一行或一列相邻的单元格中输入相同的或有规律的数据时，在第 1 个单元格中输入示例数据，然后往上下左右任意方向拖动填充柄（选定单元格右下角的小的黑色"十"字形）就可以自动输入了。

（1）自动填充。如上所述，在单元格中输入示例数据，按住鼠标左键拖动填充柄到目标单元格，执行完填充操作后，会在填充区域的右下角出现一个"自动填充选项"按钮，单击它将打开一个填充选项列表，从中选择不同选项，即可修改默认的复制单元格填充效果，包括复制单元格、填充序列、仅填充格式、不带格式填充。

（2）按系统序列填充。填充序列时，可以按照系统序列填充，比如等差序列、等比序列、日期数据序列。在单元格中输入初始数据，然后选定要开始填充的单元格区域，单击"开始"选项卡上"编辑"组中的"填充"按钮，在展开的填充列表中选择"系列"选项，在打开的"序列"对话框中选中所需选项，如"等比序列"单选钮，然后设"步长值"（相邻数据间延伸的幅度），最后单击"确定"按钮。

（3）自定义序列。打开"开始"选项卡，单击"选项"，单击"高级"，单击"编辑自定义列表"，如图 4.2 所示，编辑一组自定义列表后，单击"添加"。

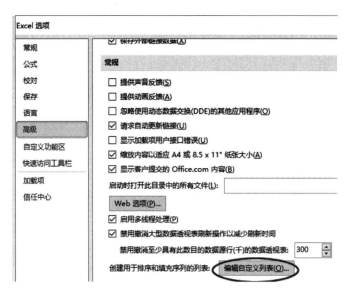

图 4.2　编辑自定义列表

如图 4.3 所示，自定义序列为"第一个，第二个，第三个"，这时在单元格中输入"第一个"，使用自动填充功能，就可以自动输入"第二个"。

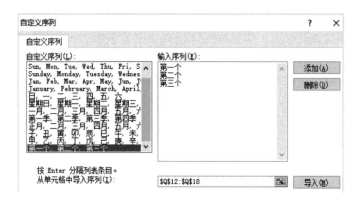

图 4.3　自定义序列填充

4. 有效数据的输入

（1）数据有效性的设置。数据有效性是用于定义用户允许在特定单元格中输入的数据范围，从而能够有效防止无效数据的输入。其中"序列"的数据有效性设置可以先创建下拉列表，输入时直接从单元格下拉列表中选择数据以填充单元格。

具体操作：选择需要输入数据的单元格区域，切换至"数据"选项卡，在"数据工具"组中单击"数据有效性"按钮。弹出"数据有效性"对话框，如图 4.4 所示，单击"允许"右侧的下三角按钮，在弹出的下拉列表中选择"序列"，在"来源"中选择序列的可选项区域，列出可以提供的序列项目，确定后效果如图 4.5 所示。"数据有效性"中还可以选择"任意值"（没有限制），"整数""小数""日期""时间""文本长度"选项，只需要在下面列出上限和下限。

图 4.4 "数据有效性"对话框   图 4.5 "数据有效性"设置结果

（2）有效数据的检查。对某个单元格区域设置完数据有效性后，可以对该区域的数据进行有效性检查。选择单元格区域，切换至"数据"选项卡，在"数据工具"组中单击"数据有效性"下拉三角按钮，单击"圈释无效数据"。

5. 数据的编辑

（1）数据的修改。需要修改数据时，直接在选中的单元格内修改或利用编辑栏进行修改。

（2）数据的清除。需要清除单元格数据时，选择单元格后按 Delete 键或按 Backspace 键，也可以单击"开始"选项卡上"编辑"组中的"清除"按钮。

（3）数据的移动。需要移动数据时，选中要移动数据的单元格或单元格区域，将鼠标指针移到所选区域的边框线上，待鼠标指针变成十字箭头形状时按住鼠标左键并拖动，到目标位置后释放鼠标，可将所选单元格数据移动到目标位置。

（4）数据的复制和粘贴。需要复制数据时，如同上面的移动数据的操作，同时按住 Ctrl 键。

（5）数据的选择性粘贴。选择性粘贴是把剪贴板中的内容按照一定的规则粘贴到工作表中，选择单元格区域复制后，点击选中需要粘贴的目标单元格，切换至"剪贴板"选项卡，单击"粘贴"下拉三角按钮，单击"选择性粘贴"，如图 4.6 所示，选择相应的规则粘贴。

选择性粘贴有两个常用的功能：一个是选择"数值"，就可以去除复制内容的格式，只复制数值；另一个就是转置功能，可以把一个横排的表变成竖排的表或把一个竖排的表变成横排的表。

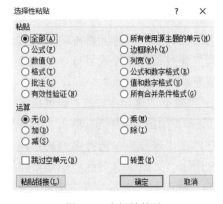

图 4.6 选择性粘贴

（6）数据的查找和替换。需要查找数据时，单击"开始"选项卡"编辑"组中的"查找和选择"按钮，在展开的列表中选择"查找"项，打开"查找和替换"对话框，在"查找内容"编辑框中输入要查找的内容，然后单击"查找下一个"按钮。如果点击对话框中的"选项"按钮，除了可以根据文本内容查找，还可以根据特定的文本格式查找，例如区别大小写，如图 4.7 所示。如果需要替换数据，打开"查找和替换"对话框，切换到"替换"选项卡，然后在"查找内容"编辑框中输入要查找的内容，在"替换为"编辑框中输入要替换为的内容。

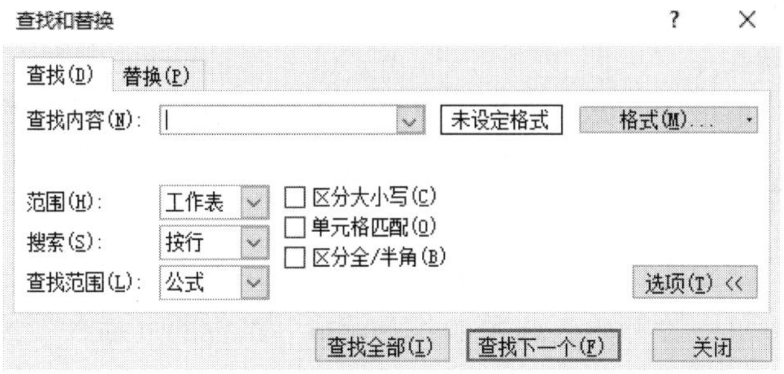

图 4.7　查找和替换

6. 单元格的编辑

当用户选中单个单元格、单元格区域或者整行整列时，单击鼠标右键就可以对选中对象进行相应的编辑。

选择单个单元格只需要将鼠标指针移至要选择的单元格上方后单击，选中的单元格以黑色边框显示，此时该单元格行号上的数字和列标上的字母将突出显示。选择单元格区域只需要拖动鼠标。选择整行或整列只需要将鼠标指针移到该行的左侧的行号上或该列顶端的列标上，当鼠标指针变成黑色箭头时单击。

（1）单元格或行、列的插入。选中单元格，切换到"开始"选项卡，"单元格"组，单击"插入"，选择需要插入的选项，例如"插入工作表行""插入工作表列"；也可以单击鼠标右键，选择"插入"。

（2）单元格或行、列的删除。选择要删除的单元格，然后单击"开始"选项卡"单元格"组中的"删除"按钮，在展开的列表中选择相应的选项。

（3）单元格或行、列的移动。单元格或行、列的移动可以用先"剪切"后"粘贴"的方法，也可以选中后用按住鼠标左键拖动的方法。

（4）单元格或行、列的复制和粘贴。单元格或行、列的复制粘贴，需要选中源数据，先"复制"后"粘贴"。

（5）单元格的合并和拆分。单元格的合并要先选中要进行合并操作的单元格区域，单击"开始"选项卡上"对齐方式"组中的"合并后居中"按钮，在展开的列表中选择一种合并选项。拆分合并的单元格，需要先选中合并的单元格，然后单击"对齐方式"组中的"合并及居中"按钮，此时合并单元格的内容将出现在拆分单元格区域左上角的单元格中。

（6）单元格行高或列宽的修改。修改单元格的行高和列宽可以用鼠标在单元格边缘直接拖动，当鼠标放在行标或列标的交界处时鼠标指针变为箭头再拖动。也可以单击"开始"选项卡上"单元格"组中的"格式"按钮，在展开的列表中选择"行高"或"列宽"项，输入行高或列宽值。"格式"列表中的"自动调整行高"或"自动调整列宽"的含义是根据单元格的数据自动调整为合适的长度。

4.2.2　工作表的编辑

1. 工作表的选取

选择单张工作表时，单击 Excel 底部的工作表标签。如果要选取相邻的多张工作表，同时按住 Shift 键单击第一张和最后一张工作表标签。如果要选取不相邻的多张工作表按住 Ctrl 键单击工作表标签。

2. 工作表的删除

删除工作表时，单击"开始"选项卡"单元格"组中的"删除"按钮，在展开的列表中选择"删除工作表"；或右击要删除的工作表标签，在弹出的快捷菜单中选择"删除"。

3. 工作表的插入

插入工作表时，单击工作表标签右侧的"插入工作表"按钮，可在工作表末尾插入一张新工作表；也可以单击"开始"选项卡"单元格"组中的"插入"按钮，在展开的列表中选择"插入工作表"。

4. 工作表的重命名

双击要重命名的工作表标签，输入新的工作表名称。

5. 工作表的移动和复制

（1）在一个工作簿内移动和复制。在同一个工作簿中移动工作表，可以直接拖动工作表标签至所需位置，如果要复制工作表，则需在拖动工作表标签的过程中按住 Ctrl 键。

（2）在不同工作簿间移动和复制。在不同工作簿之间操作，用户要先单击选中工作表标签，然后单击"开始"选项卡"单元格"组中"格式"按钮，在展开的列表中选择"移动或复制工作表"项，打开"移动或复制工作表"对话框，在列表中选择要将工作表复制或移动到目标工作簿的位置。如果要复制工作表，点击选中"建立副本"。

6. 工作表标签颜色的设置

工作表标签标示不同的颜色，可以选中工作表标签，单击右键，在弹出的快捷键菜单中选择"工作表标签颜色"命令，单击需要的颜色。

4.2.3　工作表的格式化

1. 自定义格式化

（1）字体的设置。在单元格中输入数据时，如果想改变默认的字体，可以先选中单元格区域，然后单击"开始"选项卡上"字体"组中的相应按钮，改变字体的字号、字体颜色和字形等，也可以单击"字体"组右下角的黑三角，打开"设置单元格格式"对话框设置。

（2）数据格式的设置。在单元格中输入数据时，如果想指定单元格区域的数据格式，可以先选中单元格区域，然后单击"开始"选项卡 "数字"组中"数字格式"下拉列表框右侧的三角按钮，在展开的下拉列表中进行选择，可以选择"货币""数字""文本"等格式。

（3）对齐方式的设置。需要对某单元格区域中的数据设置统一的对齐方式时，可在选中单元格或单元格区域后，单击"开始"选项卡上"对齐方式"组中的两端对齐、分散对齐或设置缩进量对齐等。也可以利用"设置单元格格式"对话框的"对齐"选项卡设置。

（4）边框的设置。对单元格区域进行边框设置，可在选中单元格或单元格区域后，单击"开始"选项卡 "字体"组中的"边框"按钮进行设置。如果想选择更多的边框样式，可以利用"设置单元格格式"对话框的"边框"选项卡设置，如图 4.8 所示。

（5）填充色的设置。对单元格区域进行底纹填充，可在选中单元格或单元格区域后，单击"开始"选项卡上"字体"组中的"填充颜色"按钮进行设置。如果想选择更多的填充图案和填充效果，可以利用"设置单元格格式"对话框的"填充"选项卡设置，如图4.9所示。

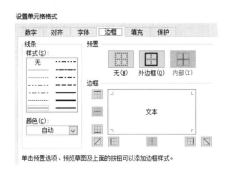

图 4.8 "设置单元格格式"对话框的 "边框"选项卡

图 4.9 "设置单元格格式"对话框的 "填充"选项卡

2. 自动格式化

（1）自动套用标准表格样式。当用户对于已编辑好的数据，需要给 Excel 表格设计一个外观，使用自带的表格样式是快捷的方法。先选中单元格区域，然后切换到"开始"选项卡的"样式"组中单击"套用表格格式"下拉按钮，选择需要的样式。在弹出的对话框中，"表数据的来源"表示套用样式的单元格区域，如图4.10所示。勾选表包含标题，则单元格区域的第一行作为表头，自带筛选功能，如果不勾选，则自动给单元格区域加一个表头，以"列1""列2"等为字段名称。

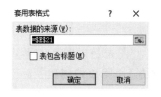

图 4.10 套用标准表格样式

（2）使用标准单元格样式。单元格的外观设计也可以直接套用样式，先选中单元格区域，然后切换到"开始"选项卡的"样式"组中单击"单元格格式"下拉按钮，选择需要的样式。

3. 条件格式

条件格式功能可以让特定条件的单元格以与众不同的方式显示，便于对工作表数据进行更好的分析。

（1）限定条件的设置。选中要添加条件格式的单元格区域，单击"开始"选项卡上"样式"组中的"条件格式"按钮，点击展开的列表中的一种条件规则，选择某个规则，设置相应的参数，则符合参数的数据单元格将应用条件格式。

选择"突出显示单元格规则"，则可以设置大于、小于某数值的数据、包含某字符的文本等条件。

选择"项目选取规则"，则可以设置单元格区域中，前百分之十、大于平均值等条件。

选择"数据条"，则根据数据的大小，单元格填充不同长度的颜色条。

选择"色阶"，则根据数据的大小，单元格填充不同色温的颜色。

选择"图标集"，则符合不同规则的数据用不同的图标填充单元格。

当默认规则不满足条件，可以单击"其他规则"，调出规则设置对话框。

单击列表底部的"新建规则"按钮，在打开的对话框中可以自定义条件格式。

（2）满足限定条件格式的设置。选择具体的规则后，设置完条件，可以设置条件格式，例如，设置完"大于"条件值，就可对所选单元格区域添加条件格式，设置字体的大小、颜色、填充效果等。

在"条件格式"列表中选择"管理规则"项，打开"条件格式规则管理器"对话框，在"显示其格式规则"下拉列表中选择"当前工作表"项，就可以显示当前工作表中所有条件格式规则。

4. 格式的复制和清除

（1）格式的复制。一种方法是复制某单元格的格式时，可以选中源单元格，选择"开始"选项卡的"剪贴板"组的"格式刷"按钮，再点击目标单元格，两个单元格的格式就一样了。另一种方法是复制后，选择性粘贴格式。

（2）格式的清除。删除条件格式，可先选中应用了条件格式的单元格或单元格区域，然后在"条件格式"列表中单击"清除规则"项，在展开的列表中选择"清除所选单元格的规则"项。

删除普通格式，选中单元格区域，选择"开始"选项卡的"编辑"组的"清除"按钮的"清除格式"。

4.3　数 据 图 表 化

图表是以图形的形式显示数值数据系列，以便于用户理解不同数据系列之间的关系。

4.3.1　图表的创建

图表中包含许多元素。使用 Excel 的默认设置会显示其中的一部分元素，而其他元素可以根据需要添加或修改。这里先介绍一下图表的组成元素，如图 4.11 所示。

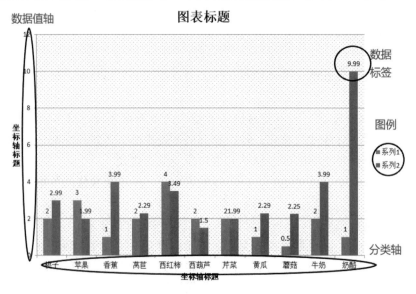

图 4.11　图表的组成元素

图表区域：整个图片都是图表区域。

绘图区：雪花点作为背景覆盖的区域就是绘图区。

每个柱形图中的柱形的顶点都是数据系列的数据点。

横坐标是分类轴，纵坐标是数据值轴。

图例：图表最右侧的"系列1""系列2"。

图表可以设置图表标题、横坐标和纵坐标轴标题。

数据标签：可以用来标识数据系列中数据点的详细信息，图4.11中每个柱形上方的数字就是数据标签。

1. 使用图表工具按钮创建

在Excel 2010中创建图表的操作步骤，首先在工作表中为图表输入数值数据作为图表的数据源；然后依次完成下述工作。

（1）图表类型的选择。选中要创建为图表的数据源区域，在"插入"选项卡的"图表"组中选择要使用的图表类型，将该数据绘制成图表。

（2）图表行、列的切换。这时在界面上方将显示"图表工具"选项卡，其包括"设计""布局"和"格式"三个子选项卡。点击图表空白处选中图表，单击"图表工具"的设计选项卡，然后单击"数据"组的"切换行列"按钮。

（3）图表标题及横坐标和纵坐标轴标题的添加。在"图表工具"选项卡中可以设置图表的标题、坐标轴和网格线等图表布局。根据需要分别对图表的图表区、绘图区、分类（X）轴、数值（Y）轴和图例项等组成元素进行格式化。

点击图表空白处选中图表，单击"图表工具"的布局选项卡，单击"标签"组的"图表标题""坐标轴标题"按钮，选择相应的选项后，图表区会出现默认的"图表标题"及"行坐标轴标题""列坐标轴标题"，单击为可编辑状态进行修改。

（4）图表位置的选择。在工作区插入图表后，新创建的图表作为内嵌图表放在工作表上，如果想改变图表的位置，单击"图表工具"的设计选项卡，单击"位置"组的"移动"按钮就可以修改位置。

2. 使用快捷键创建

基于默认图表类型迅速创建图表，可以先选择要用于图表的数据源，然后按 Alt+F1组合键则图表显示为嵌入图表；如果按 F11键则图表显示在单独的图表工作表上。

4.3.2 图表的编辑

若要修改图表，可执行下列操作。

1. 图表的缩放、移动、复制和删除

点击图表的空白处选中图表，鼠标放在图表边框的四个角上，当鼠标变成双向箭头时，按住鼠标左键拖拉缩放。

点击图表的空白处选中图表，单击"图表工具"的设计选项卡，单击"位置"组的"移动"按钮就可以修改位置，可以插入到一个Sheet工作表中，也可以新建图表工作表。

点击图表的空白处选中图表，单击"开始"选项卡的"复制"按钮，再单击图表之外的空单元格，单击"开始"选项卡的"粘贴"按钮复制。

点击图表的空白处选中图表，按键盘上的Delete键删除图表。

2. 图表类型的修改

（1）图表的类型。

1）柱形图：用于显示一段时间内的数据变化或显示各项之间的比较情况。

2）折线图：用于显示随分类项而变化的连续数据，适用于显示在相等时间间隔下数据的趋势。

3）饼图：显示一个数据系列中各项的大小与各项总和的比例。饼图中的数据点显示为整个饼图的百分比。

4）条形图：显示各个项目之间的比较情况。

5）面积图：分为面积图、堆积面积图、百分比堆积面积图。

6）散点图：显示若干数据系列中各数值之间的关系，或者将两组数绘制为 x、y 坐标的一个系列。

7）股价图：用来显示股价的波动。

8）曲面图：显示两组数据之间的最佳组合。

9）圆环图：圆环图显示各个部分与整体之间的关系，可以包含多个数据系列。

10）气泡图：气泡图与散点图非常相似，但增加第三个维度来指定所显示的气泡的大小，以便表示数据系统中的数据点。

11）雷达图：比较若干数据系列的聚合值。

（2）新增图表类型。目前最新版本的 Excel 中新增了一些图表类型，当以上图表不能更好地产生高效表达数据的效果时，可以从中多一些图表类型的选择。图 4.12 列出了一些新增图表类型的实例。

1）树状图：按颜色和接近度来显示类别。

2）旭日图：每个级别均通过一个环或圆形表示，最内层的圆表示层次结构的顶级。

3）直方图：显示分组为频率箱的数据的分布。图表中的每一列称为箱。

4）盒须图：显示数据到四分位点的分布，突出显示平均值和离群值。

5）漏斗图：显示流程中多个阶段的值，值逐渐减小，呈现出漏斗形状。

6）瀑布图：显示加或减值时的数据累计汇总。

（3）图表类型的修改。修改图表类型时，点击图表空白处选中图表，单击"图表工具"的设计选项卡，单击"类型"组的"更改图表类型"按钮，然后单击要使用的图表子类型。

3. 图表数据的删除和添加

修改图表的数据源时，需要在数据源中选中新的单元格区域作为图表的数据来源。单元格区域可以是连续的矩形区域，也可以是不连续的矩形区域组成。如果数据源单元格不在连续的区域中，可使用"Ctrl+左键单击"选择不相邻的单元格或区域，但所选区域必须形成一个矩形。

4. 图表格式的修改

（1）图表区。点击图表空白处选中图表，单击"图表工具"的格式选项卡，单击"当前所选内容"组的下拉列表，选中"图表区"；然后单击"设置所选内容格式"，即可弹出"设置图表区格式"对话框，在对话框中可以设置图表区的填充背景、边框、三维效果等。

（a）树状图

（b）旭日图

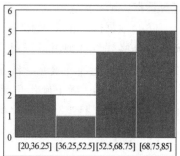

（c）直方图

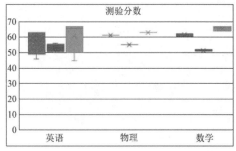

（d）盒须图

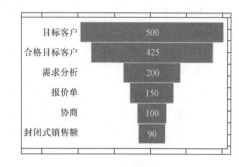

（e）漏斗图

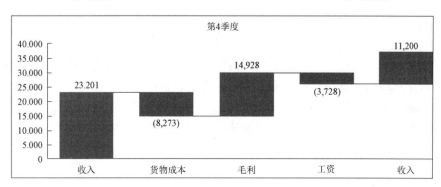

（f）瀑布图

图 4.12 新增图表类型实例

也可以单击"图表工具"的格式选项卡，单击"当前所选内容"组的下拉列表，选中"图表区"后，在选项卡中单击相关的按钮来设置各项属性，例如"形状样式""艺术字样式"组内的按钮。

填充指的是使用颜色、纹理、图片和渐变填充使特定的图表元素引人注目。

边框指的是使用颜色、线条样式和线条粗细来强调图表元素。

阴影、发光、柔化边缘以及三维格式指的是向图表元素形状应用特殊效果，使图表具有精美的外观。

文本和数字的格式指的是为图表上的标题、标签和文本框中的文本和数字设置格式。

（2）绘图区。同上操作步骤，选中"绘图区"后单击"设置所选内容格式"，弹出设置对话框。

（3）数据区。同上操作步骤，选中"系列某某"（某某为系列的名称）后单击"设置所选内容格式"，弹出设置对话框。可以设置该系列的数据是显示在主坐标轴还是次坐标轴、数据标记选项、填充、线条等格式。

（4）坐标轴。同上操作步骤，选中"垂直（值）轴""垂直（值）轴主要网格线""次坐标垂直（值）轴""水平（值）轴"后单击"设置所选内容格式"，弹出设置对话框。在对话框中可以指定坐标轴的刻度并调整显示的值或分类之间的间隔，可以选择数字格式、线条格式等。

当出现两个以上系列的数值，数值范围差别较大时，用主次坐标轴分别表示不同的系列，图表能更清晰，如图 4.13 所示，主次垂直坐标分别在左右两端。

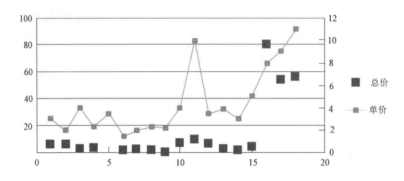

图 4.13　图表的主次坐标轴

（5）图例。同上操作步骤，选中"图例"后单击"设置所选内容格式"，弹出设置对话框，在对话框中可设置图例的位置、填充、边框等属性。

在 Excel 2010 中可以应用预定义图表样式，单击要使用预定义图表样式设置其格式的图表中的任意位置，在"图表工具"的设计选项卡上，单击"图表布局""图表样式"组中使用的图表样式。

4.4　公式和函数

公式是对工作表中的数据进行计算的表达式，如同数学表达式一样，在单元格中输入公式可以显示计算结果。

4.4.1　引用

Excel 中的"引用"的作用是标记出工作表中的单元格或单元格区域，在公式中使用的参数如果来自某单元格区域的数据，就可以通过"引用"来指明公式中所使用的数据的位置。在公式中可以引用同一个工作簿中不同工作表中的单元格，也可以引用其他工作簿中的数据。当单元格中数据变化时，公式会自动更新最新的数据作为参数，计算出新的结果。

1. 相对引用

相对引用指的是单元格的相对地址，单元格地址是由列标和行号组成，例如 C5 表示第 C 列第 5 行的单元格地址；单元格区域指的是工作表中的一个矩形区域，由矩形区域左上角和右下角的单元格地址组成，中间加上冒号，例如 C5:D15 表示从单元格 C5 到 D15 构成的矩形的单元格区域。

使用相对引用地址，当公式所在单元格的位置改变，引用地址也随之改变。如图 4.14、图 4.15 所示，在 C1 单元格输入公式"=A1+B1"，回车后得到计算结果"9"；这时复制 C1 单元格到 C2 单元格，C2 单元格的公式就自动变为"=A2+B2"，回车就得到计算结果"11"。因为 C2 单元格相对于 C1 下移一行了，所以复制过来的公式中的相对引用地址也要下移一行。

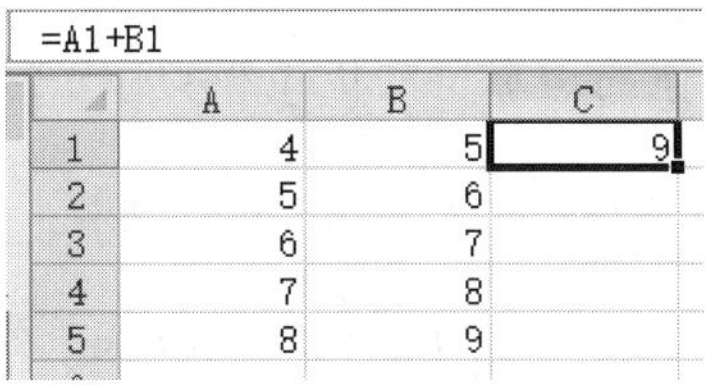

图 4.14　相对引用 1 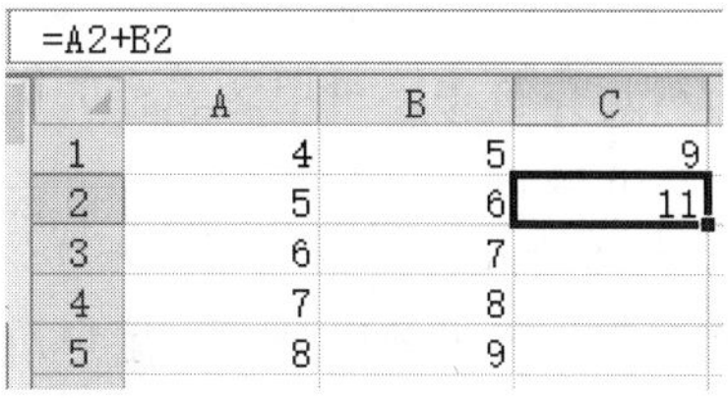　　　　　　　　　　　图 4.15　相对引用 2

2. 绝对引用

绝对引用是指引用单元格的地址固定不变，与公式所在的单元格位置无关，当公式所在单元格位置偏移时，公式内的参数的绝对引用地址不变。绝对引用形式是在列标和行号的前面都加上"$"符号。例如$C$5 表示 C 列 5 行的单元格，公式复制或移动到其他位置，引用的单元格地址的行和列都不会改变。如图 4.16、图 4.17 修改上一个例子，把相对引用地址改为绝对引用地址"=$A$1+$B$1"，复制后地址不变，结果也不变。

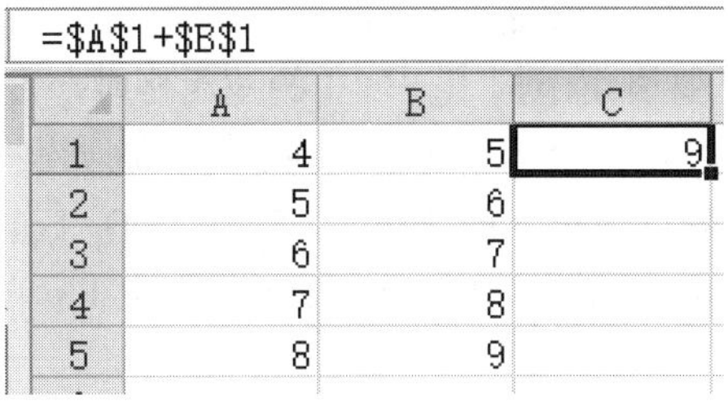

图 4.16　绝对引用 1 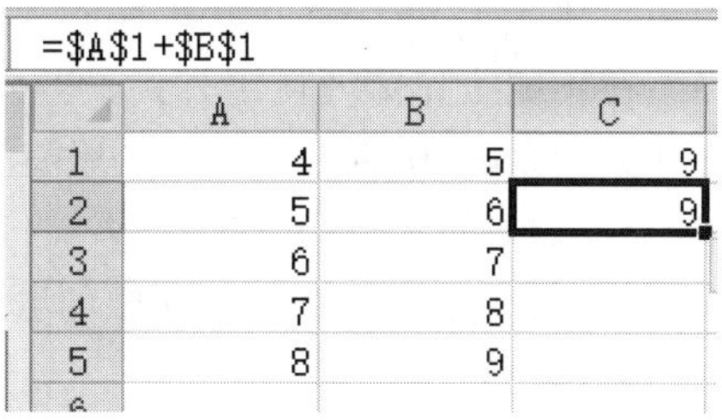　　　　　　　　　　　图 4.17　绝对引用 2

3. 混合引用

当公式中既包含绝对引用又包含相对引用则称为混合引用，例如$A1 表示第 1 行会随着公式所在单元格的移动而偏移，列 A 固定不变，在上面的例子中如果 C1 单元格输入"=$A1+$B$1"，复制公式到 C2 则会变为"=$A2+$B$1"，C2 单元格的结果为"10"。

4.4.2　公式的使用

Excel 2010 有强大的公式编辑工具，用户可以在工作表中插入常用数学公式或数学符号，还可以在文本框和其他形状内插入公式。

1. 公式的运算符

公式除了可以执行加减乘除等基本数学计算，还可以调用 Excel 内置的工作表函数来完成运算任务。

Excel 有 4 种运算符类型：算术运算符、比较运算符、文本运算符和引用运算符。

（1）算术运算符有加、减、乘、除、百分比、乘方。

（2）比较运算符有大于、小于、等于、大于等于、小于等于、不等于。

（3）文本运算符"&"起到与的作用，将两个或多个文本值连接成一个连续的文本值。

（4）引用运算符是用来表示单元格区域的，冒号表示区域运算符，逗号是联合运算符，空格是交叉运算符。例如"A1:B2,B1:C5"表示两个单元格区域联合起来的所有区域；"A1:B2 B1:C5"表示两个单元格区域相交的所有区域。

在所有运算符中，引用运算符的优先级最高，其他的运算符的优先级类似于数学运算的运算符优先级。

2. 公式的输入

（1）在工作表内使用公式。用户选中需要输入公式的单元格后，在"插入"选项卡上的"符号"组中单击"公式"旁边的箭头，选中需要的公式，就可以插入一个公式文本框。选中插入的公式，Excel 会多出一个"公式工具"的设计选项卡，选择相应的符号和结构就可以修改公式了。

另一种方式是单击要输入公式的单元格，然后输入等号"="，接着输入操作数和运算符。

（2）在同一工作簿内不同工作表间使用公式。当公式中需要引用同一工作簿中不同工作表间的单元格时，使用的表示方法为："工作表名称！单元格或单元格区域地址"。例如在 Sheet1 的 A1 单元格中输入"=Sheet2！F8:F16"，表示 Sheet1 的 A1 单元格到 A9 单元格中的数值等于 Sheet2 工作表中 F8 单元格到 F16 单元格的数值。

（3）在不同工作簿内使用公式。当公式中需要引用不同工作簿中的单元格时，使用的表示方法为："[工作簿名称.xlsx]工作表名称！单元格或单元格区域地址"。例如在 test1 工作簿的 Sheet1 的 A1 单元格中输入"=[test2.xlsx]Sheet2！F8:F16"，表示 test1 工作簿的 Sheet1 的 A1 单元格到 A9 单元格中的数值等于 test2 工作簿中 Sheet2 工作表中 F8 单元格到 F16 单元格的数值。

4.4.3 常用的函数

1. 函数的类型

在 Excel 2010 中打开"公式"选项卡就可以看到系统自带的函数库，如图 4.18 所示，通过这个函数库可以自动调用相关的函数输入公式中。

图 4.18 系统自带的函数库

Excel 提供的主要的函数类型包括以下几种。

（1）日期和时间函数。例如 DATE 函数返回表示特定日期的连续序列号，YEAR 函数返回对应于某个日期的年份，DATEVALUE 函数将存储为文本的日期转换为 Excel 识别为日期的序列号，DATEDIF 函数返回两个日期参数的差值，DAY 函数计算参数中指定日期或引用单元格中的日期天数，WEEKDAY 函数给出指定日期对应的星期数。

（2）工程函数。例如 IMCOS 函数返回复数的余弦。

（3）财务函数。例如 IRR 函数返回由值中的数字表示的一系列现金流的内部收益率。

（4）信息函数。例如 ISBLANK（value）、ISERR（value）、ISNA（value）、ISNONTEXT（value）、ISNUMBER（value）等 IS 函数，可检验指定值并根据结果返回 TRUE 或 FALSE；COLUMN 函数显示所引用单元格的列标号值。

（5）逻辑函数。例如 AND 函数用于确定测试中的所有条件是否均为 TRUE；IF 函数根据对指定条件的逻辑判断的真假结果，返回相对应条件触发的计算结果；OR 函数仅当所有参数值均为 FALSE 时返回结果 FALSE，否则都返回 TRUE。

（6）查找和引用函数。例如 VLOOKUP 函数可以根据需要在表格或区域中按行查找内容；INDEX 函数返回列表或数组中的元素值，此元素由行序号和列序号的索引值进行确定；MATCH 函数返回在指定方式下与指定数值匹配的数组中元素的相应位置。

（7）数学和三角函数。例如 ABS 函数求出参数的绝对值，MOD 函数求出两数相除的余数。

（8）统计函数。例如 AVERAGE 求出所有参数的算术平均值，FREQUENCY 函数以一列垂直数组返回某个区域中数据的频率分布，RANK 函数返回某一数值在一列数值中的相对于其他数值的排位。

（9）文本函数。例如 LEFT 函数从一个文本字符串的第一个字符开始，截取指定数目的字符；LEN 函数统计文本字符串中字符数目；RIGHT 函数从一个文本字符串的最后一个字符开始，截取指定数目的字符；TEXT 函数根据指定的数值格式将相应的数字转换为文本形式；VALUE 函数将一个代表数值的文本型字符串转换为数值型。

2. 自动求和按钮

Excel 2010 提供的自动求和功能可以快速对列或行的数字求和。如果用户需要使用自动求和，点击选中需要求和的单元格，然后在"开始"选项卡或者"公式"选项卡上单击"自动求和"，按 Enter 键后，Excel 将自动输入 SUM 函数公式对单元格附近的数字求和。

例如图 4.19 中，需要求和得出一月收入总和，选中单元格 C8，然后单击"自动求和"，公式"=SUM（C2:C7）"将显示在单元格 C8 中，回车后 C8 单元格中就会显示计算结果。

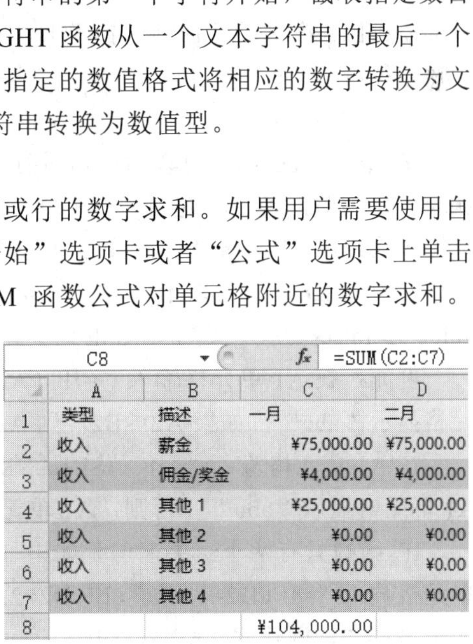

用户如果要对一列数字求和，必须选择该列中最后一个数字紧下方的单元格。如果对一行数字求和，必须选择紧右侧的单元格。创建了公式之后，因为参数是相对引用地址，所以将其复制到其他单元格，公式会自动调整以适应新位置。

	C8			f_x	=SUM(C2:C7)
	A	B	C	D	
1	类型	描述	一月	二月	
2	收入	薪金	¥75,000.00	¥75,000.00	
3	收入	佣金/奖金	¥4,000.00	¥4,000.00	
4	收入	其他 1	¥25,000.00	¥25,000.00	
5	收入	其他 2	¥0.00	¥0.00	
6	收入	其他 3	¥0.00	¥0.00	
7	收入	其他 4	¥0.00	¥0.00	
8			¥104,000.00		

图 4.19 自动求和

3. 自动计算

Excel 的单元格在计算公式后显示结果值，当公式所依赖的单元格中的数值发生更改时，Excel 有"手动"和"自动"两种方式重新计算公式，一般第一次打开工作簿 Excel 会默认执行重新计算。通过设置可以控制 Excel 重新计算公式的时间和方式。

单击"公式"选项卡"计算"组，可以看到以下几种选项：

在"计算选项"下，单击"自动"，表示每次更改值、公式或名称时重新计算所有相关的公式。

在"计算选项"下，单击"除模拟运算表外，自动重算"，表示每次更改值、公式或名称时重新计算除模拟运算表之外所有相关的公式。

在"计算选项"下，单击"手动"，表示每次更改值、公式或名称时关闭自动重新计算，而且仅当明确按 F9 键时才重新计算打开的工作簿。

单击"开始计算"按钮，表示要手动重新计算所有打开的工作簿（包括模拟运算表），并更新所有打开的图表工作表。

单击"计算工作表"按钮，表示要手动重新计算活动的工作表，以及链接到此工作表的所有图表和图表工作表。

4. 函数的输入

手工输入函数在单元格中输入了"="号，即进入公式编辑状态，然后输入相应的公式，如果需要使用函数则需要输入函数名称，再紧跟着一对括号，括号内为一个或多个参数，参数之间要用逗号来分隔。Excel 可以使用函数向导输入函数，点击"公式"选项卡的"插入函数"。

5. 常用函数

Excel 中提供了几百种内置函数，常用的只有几十个，记住几个常用函数的用法会使用起来得心应手。

（1）逻辑函数。

IF 函数。IF 函数可以对数值进行逻辑比较。如果条件为真，该函数将返回一个值；如果条件为假，函数将返回另一个值。

语法：IF（logical_test, value_if_true, [value_if_false]）

参数 logical_test 表示要测试的条件；value_if_true 表示结果为 TRUE 时返回的值；value_if_false 表示结果为 FALSE 时返回的值。

例如：在 A1 单元格输入"=IF（A2>B2,"abc","cba"）"，表示如果 A2>B2，则 A1 单元格显示"abc"，如果 A2≤B2，则 A1 单元格显示"cba"。

在 A1 单元格输入"=IF（ISBLANK（D2）,"abc","cba"）"，表示如果 D2 为空白，则 A1 单元格显示"abc"，否则，A1 单元格显示"cba"。

IF 函数只有两个结果，但是如果 IF 语句用到嵌套，可以有多个结果。例如：在 A1 单元格输入"=IF(D2=1,"a",IF(D2=2,"b","c"))"，表示如果 D2 = 1，则返回"a"；如果 D2 = 2，则返回"b"；否则返回"c"。

（2）统计函数。

1）AVERAGE 函数。AVERAGE 函数可以返回参数的平均值（算术平均值）。

语法：AVERAGE（number1, [number2],…）

参数 number1 表示要计算平均值的第一个数字、单元格引用或单元格区域。number2 表示第 2 个要计算平均值的其他数字、单元格引用或单元格区域，以此类推，最多可包含 255 个。

2）COUNT、COUNTA 和 COUNTIF 函数。COUNT 函数计算包含数字的单元格个数以及参数列表中数字的个数。

语法：COUNT（value1, [value2],…）

参数的含义与 AVERAGE 函数一样。参数可以包含或引用各种类型的数据，但只有数字类型的数据才被计算在内。

例如：在 A1 单元格输入"=COUNT（A2:A7,2）"，可以计算单元格区域 A2 到 A7 中包含数字的单元格的个数，以及参数"2"中的数字的个数。如果 A2 到 A7 都填充了数字，那么 A1 单元格的结果就是"7"。

COUNTA 函数计算范围中不为空的单元格的个数。

语法：COUNTA（value1, [value2],…）

COUNTA 函数计算包含任何类型的信息（包括错误值和空文本（""））的单元格,但是 COUNTA 函数不会对空单元格进行计数。

COUNTIF 函数在特定区域检查特定内容。

语法：COUNTIF（range, criteria）

例如：COUNTIF（A1:A5,"London"）表示在 A1 到 A5 的区域中，计算数值为"London"的单元格个数；COUNTIF（A1:A5,">55"）表示在 A1 到 A5 的区域中，计算数值为大于 55 的单元格个数；COUNTIF（A1:A5,"*"）表示在 A1 到 A5 的区域中，含任何文本的单元格个数；COUNTIF（A1:A5, "??es"）表示在 A1 到 A5 的区域中为 4 个字符且以字母"es"结尾的单元格个数。

后面两个例子用到了通配符。在 Excel 中，通配符星号（*）用于匹配任意字符，通配符问号（?）用于匹配单个字符。

3）MAX 和 MIN 函数。

MAX 函数返回一组值中的最大值。

语法：MAX（number1, [number2],…）

参数的含义与 AVERAGE 函数一样。

MIN 函数返回一组值中的最小值。

语法：MIN（number1, [number2], …）

参数的含义与 AVERAGE 函数一样。

例如：MIN（A2:A6,0）表示返回区域 A2 到 A6 和 0 中的最小数。

（3）数学和三角函数。

1）SUM 和 SUMIF 函数。

SUM 函数是将单个值、单元格引用或是区域相加，或者将三者的组合相加。

语法：SUM（number1,[number2],…）

参数的含义与 AVERAGE 函数一样。

例如：SUM（A2:A10，C2:C10）表示单元格区域 A2 到 A10 和 C2 到 C10 的所有数值之和。

SUMIF 函数对范围中符合指定条件的值求和。

语法：SUMIF（range, criteria, [sum_range]）

参数 range 根据条件进行计算的单元格的区域。criteria 表示确定对哪些单元格求和的条件，其形式可以为数字、表达式、单元格引用、文本或函数。sum_range 表示要求和的实际单元格。

例如：SUMIF（B2:B25,">5"）表示在 B2 到 B25 中对大于 5 的数值求和。

2）ROUND 函数。

ROUND 函数将数字四舍五入到指定的位数。

语法：ROUND（number, num_digits）

参数 number 表示要四舍五入的数字。num_digits 表示要进行四舍五入运算的位数。num_digits 大于 0 表示指定的小数位数；等于 0 表示四舍五入到最接近的整数；小于 0 表示四舍五入到小数点左边的相应位数。

3）INT 函数。

INT 函数将数字向下舍入到最接近的整数。

语法：INT（number）

例如：INT（3.3）的结果为 3。

4）RAND 函数。RAND 函数返回大于等于 0 小于 1 的随机数。

例如：要生成 a 与 b 之间的随机实数，使用公式"=RAND（）*（b-a）+a"。

（4）查找与引用函数。

LOOKUP 函数。LOOKUP 函数可以查询一行或一列中的某个数值，以及该值在另一行或列中的相同位置的值。

语法：LOOKUP（lookup_value, lookup_vector, [result_vector]）

参数 lookup_value 表示 LOOKUP 在第一个向量中搜索的值；lookup_vector 表示只包含一行或一列的区域，lookup_vector 中的值必须按升序排列；result_vector 表示一行或一列的区域。result_vector 与 lookup_vector 的单元格数量必须相同。

例如：公式"=LOOKUP（99, C3:C7, B2:B6）"表示在 C3 到 C7 列中查找数值 99，然后返回 B 列中同一行内的值。假如只有 C7 的数值是 99，则返回 B6 单元格中的数值。

4.5　数　据　管　理

4.5.1　排序

在数据分析中最基础的工作就是进行排序。Excel 可以将单元格区域中的数据按照某一列或某几列的文本类型数值的字母顺序排列，按数字的从高到低或相反的顺序排列，还可以按照单元格的颜色或图标进行排序。

1. 简单排序

利用"数据"选项卡的"排序和筛选"组的按钮，可以对一列或多列中的数据按文本

（从 A 到 Z 或从 Z 到 A）、数字（从小到大或从大到小）以及日期和时间（从最旧到最新或从最新到最旧）进行排序。还可以按用户创建的自定义序列（在"文件"选项卡的"选项"的"高级"中点击"编辑自定义列表"）或格式（单元格颜色、字体颜色或图标集）进行排序。

用户如果想根据某一列的数据排序，要先选中要排序的列中的一个单元格；然后在"数据"选项卡上的"排序和筛选"组中，点击相应的按钮。如果要按从小到大的顺序对数字进行排序，选中"升序"命令；如果要按从大到小的顺序对数字进行排序，选择"降序"命令。

2. 复杂排序

当用户需要根据多列数据综合排序时，可以按多列或多行进行排序。例如首先按照 A 列数据排序，在 A 列中数值相同的数据就按照 B 列的数据排序，这时 A 列叫作排序的主关键字，B 列叫作排序的次关键字，这就是复杂排序。

复杂排序的操作步骤是先选择数据区域内的任意单元格，再在"数据"选项卡的"排序和筛选"组中，单击"排序"按钮，最后在弹出的"排序"对话框中设置"排序依据"，先选择排序主关键字，再依次选择次关键字的列。在"排序依据"下，设置好主关键字的列后要选择排序类型，若要按文本、数字或日期和时间进行排序，则选择"数值"；如果按格式进行排序，则选择"单元格颜色""字体颜色"或"单元格图标"。最后在"次序"下，选择"升序"或者"降序"，还有一种特殊的排序方式就是"自定义序列"。通过"添加条件"可以依次设置次关键字。

"排序"对话框如图 4.20 所示。

图 4.20 "排序"对话框

4.5.2 筛选

1. 自动筛选

需要快速查找数值时，可以通过筛选一个或多个数据列，选择哪些数据要显示，哪些数据不显示。基于工作表的筛选是自动筛选。

自动筛选的操作步骤是先选择数据区域内的任意单元格，再在"数据"选项卡上的"排序和筛选"组中，单击"筛选"按钮，这时数据区域内的所有列标题中都会出现下拉的倒三角箭头，选择需要筛选数据的列标题中的"筛选"下拉箭头，会显示一个筛选器选择列表，设置相应的参数完成自动筛选。筛选器界面的操作方式主要有：

（1）使用筛选器界面中的"搜索"框来搜索文本和数字。可以使用通配符星号（*）或问号（?）。

（2）当单元格设置了背景色或文本颜色时，可以按颜色筛选特定背景色或文本颜色的单元格。

（3）当该列数据是数字或文本时，就会出现"数字筛选"或"文本筛选"选项，点选后可以选择"等于""不等于""开头是"等逻辑运算、统计运算的筛选结果。

（4）勾选筛选器中罗列出的需要显示的字段数值的复选框。

（5）通过"数字筛选"或"文本筛选"选项最后的"自定义筛选"，可以同时满足两个条件，它提供了"与"按钮组合条件（同时满足两个条件），还有"或"按钮组合条件（只需要满足多个条件之一）。

2. 高级筛选

用户利用高级筛选功能可以查找出同时满足多个条件的记录。例如，要将全体职工年度工资表中选出"1 月"工资等于 5000，并且"2 月"工资大于 6000 的职工名单。

高级筛选的操作步骤首先是在工作表中显示全部数据，先选择数据区域内的任意单元格，再单击"数据"选项卡"排序和筛选"组中的"高级"按钮，打开"高级筛选"对话框，通过"列表区域"后的对话框启动器选择"列表区域"，也就是参与高级筛选的数据区域，然后用同样的方法选择"条件区域"的数据区域，如果筛选结果放置在其他位置而不是覆盖原区域，则还需要用同样的方法选择复制到的单元格区域。单击"确定"按钮，即可得到筛选结果。"高级筛选"对话框如图 4.21 所示。

高级筛选中的"条件区域"指的是在数据的列表区域之外，用来设置筛选条件的单元格区域。条件的设置规则是同一行的多个条件是逻辑"与"的关系，也就是说如果要筛选同时满足多列中的多个条件的数据行，必须在条件区域的同一行中键入所有条件；不同行的多个条件是逻辑"或"的关系，也就是说如果要筛选出满足多个条件中的任意一个数据行，必须在条件区域的不同行中键入条件。如图 4.22 所示，S1：T3 单元格区域就是满足"1 月"工资等于 5000，或者"2 月"工资大于 6000；V1:W2 单元格区域就是必须同时满足"1 月"工资等于 5000，并且"2 月"工资大于 6000 的两个条件。

图 4.21 高级筛选

S	T	U	V	W
1 月	2 月		1 月	2 月
=5000			=5000	>6000
	>6000			

图 4.22 筛选条件设置

4.5.3 分类汇总

分类汇总指的是把数据分类统计，Excel 有"分类汇总"的菜单按钮会自动对按行或者按列分类的数据进行求和、求平均值、统计个数、求最大值（最小值）和总体方差等多种计算，并且分级显示汇总的结果。

1. 分类汇总的操作步骤

Excel 2010 分类汇总的操作步骤首先是在工作表中显示全部数据，对工作表中要进行分类汇总的字段（列）进行升序排序，先选择数据区域内的任意单元格，再单击“数据”选项卡上“分级显示”组中的“分类汇总”按钮，打开“分类汇总”对话框。在对话框中可以设置对数据表中的某一列以一种汇总方式进行分类汇总。例如，把个人收入表中的“收入”按照“薪金”“奖金”“其他”汇总求和，打开的“分类汇总”对话框如图 4.23 所示。

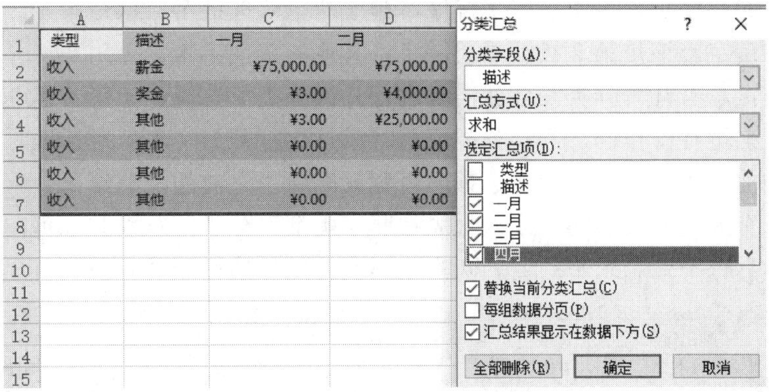

图 4.23 “分类汇总”对话框

（1）分类字段的设置。在“分类字段”下拉列表选择要进行分类汇总的列标题“描述”。

（2）对分类字段排序。在打开“分类汇总”对话框之前，对“描述”字段按照升序或者降序排列。

（3）汇总方式的设置。在“汇总方式”下拉列表选择汇总方式“求和”；在“选定汇总项”列表中选择需要进行汇总的列标题“一月”“二月”等。

（4）汇总数据位置的设置和查看。如果勾选“替换当前分类汇总”则之前的分类汇总被替换了；如果勾选“每组数据分页”则数据按分类数据，每个类别打印一页；如果勾选“汇总数据显示在数据下方”则汇总数据在下方，否则在上方。

上述步骤的操作结果如图 4.24 所示。

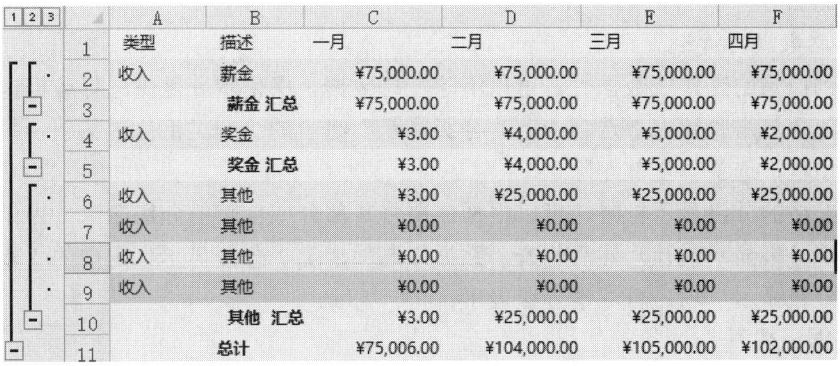

	A	B	C	D	E	F
1	类型	描述	一月	二月	三月	四月
2	收入	薪金	¥75,000.00	¥75,000.00	¥75,000.00	¥75,000.00
3		薪金 汇总	¥75,000.00	¥75,000.00	¥75,000.00	¥75,000.00
4	收入	奖金	¥3.00	¥4,000.00	¥5,000.00	¥2,000.00
5		奖金 汇总	¥3.00	¥4,000.00	¥5,000.00	¥2,000.00
6	收入	其他	¥3.00	¥25,000.00	¥25,000.00	¥25,000.00
7	收入	其他	¥0.00	¥0.00	¥0.00	¥0.00
8	收入	其他	¥0.00	¥0.00	¥0.00	¥0.00
9	收入	其他	¥0.00	¥0.00	¥0.00	¥0.00
10		其他 汇总	¥3.00	¥25,000.00	¥25,000.00	¥25,000.00
11		总计	¥75,006.00	¥104,000.00	¥105,000.00	¥102,000.00

图 4.24 单项分类汇总结果

2. 汇总的嵌套

多次使用分类汇总有两种方式。一种是对某列数据选择两种或两种以上的分类汇总方式或汇总项进行汇总，叫作多重分类汇总。多重分类汇总每次用的“分类字段”总是相同的，而汇总方式或汇总项不同，而且第2次汇总运算是在第1次汇总运算的结果上进行的。另一种是在一个已经建立了分类汇总的工作表中再进行另外一种分类汇总，两次分类汇总的字段不相同的，其他项可以相同可以不同，叫作嵌套分类汇总。嵌套分类汇总前需要对进行分类汇总的字段进行多次关键字排序，排序的主要关键字应该是第1级汇总关键字，排序的次要关键字应该是第2级汇总关键字，其他的依次类推。

嵌套分类汇总有几套分类汇总就需要进行几次分类汇总操作，第 n 次汇总是在第 n-1次汇总的结果上进行操作的。嵌套分类汇总时，每次打开分类汇总对话框时，都必须取消勾选“替换当前分类汇总”前的复选框，否则就删除了之前的汇总结果。

例如：把个人收入表中的“收入”先按照“类型”分类汇总求和，再在这个汇总结果上按照“描述”分类汇总求平均值。两次分类汇总后，结果如图4.25所示。

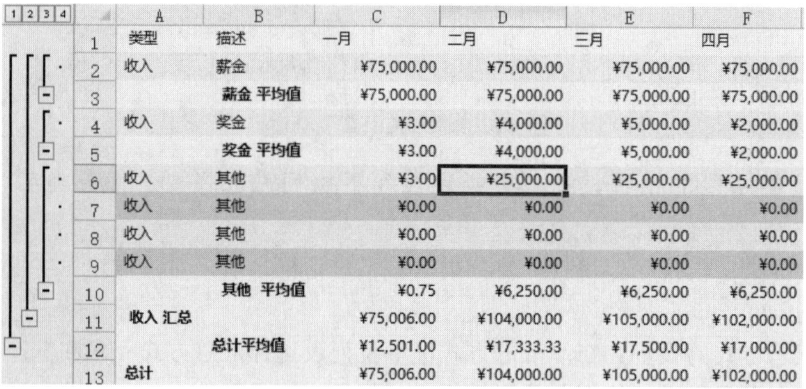

	A	B	C	D	E	F
1	类型	描述	一月	二月	三月	四月
2	收入	薪金	¥75,000.00	¥75,000.00	¥75,000.00	¥75,000.00
3		薪金 平均值	¥75,000.00	¥75,000.00	¥75,000.00	¥75,000.00
4	收入	奖金	¥3.00	¥4,000.00	¥5,000.00	¥2,000.00
5		奖金 平均值	¥3.00	¥4,000.00	¥5,000.00	¥2,000.00
6	收入	其他	¥3.00	¥25,000.00	¥25,000.00	¥25,000.00
7	收入	其他	¥0.00	¥0.00	¥0.00	¥0.00
8	收入	其他	¥0.00	¥0.00	¥0.00	¥0.00
9	收入	其他	¥0.00	¥0.00	¥0.00	¥0.00
10		其他 平均值	¥0.75	¥6,250.00	¥6,250.00	¥6,250.00
11	收入 汇总		¥75,006.00	¥104,000.00	¥105,000.00	¥102,000.00
12		总计平均值	¥12,501.00	¥17,333.33	¥17,500.00	¥17,000.00
13	总计		¥75,006.00	¥104,000.00	¥105,000.00	¥102,000.00

图4.25　嵌套分类汇总结果

Excel工作表中的数据执行分类汇总后，Excel会自动按汇总时的分类分级显示数据。分级显示明细数据时单击所需级别的数字，较低级别的明细数据会隐藏起来，例如单击2级或2级下面的减号则2级后面的3级和4级就会隐藏；如果想显示隐藏的数据，单击分级显示中的加号。

3. 汇总数据的清除

恢复到原始的工作表数据时，可以清除汇总数据。操作步骤是先选择数据区域内的任意单元格，再单击“数据”选项卡上“分级显示”组中的“分类汇总”按钮，打开“分类汇总”对话框，选择“全部删除”。

删除左边的分级显示栏时，可以根据需要将其部分或全部的分级删除。操作步骤是先选择要取消分级显示的行，然后单击“数据”选项卡上“分级显示”组中的“取消组合”的“清除分级显示”项，可取消分级显示。

4.5.4　数据透视表

1. 数据透视表的创建

数据透视表能够快速分析数据，是汇总、分析、浏览和呈现数据的好方法。数据透视表可根据所需的结果显示方式快速调整并创建数据透视图。创建数据透视表，首先要有数据源，然后在工作簿中指定放置数据透视表的位置，最后设置字段布局。对于数据透视表的数据源要求没有空行、空列、小计等干扰信息，第一行是列标签，并且各列只包含一种类型的数据。

例如：根据图4.26的一张日用杂货清单表，创建基于该列表的数据透视表。

	A	B	C	D	E	F	G
1	物品	商店	类别	数量	单位	单价	总价
2	桃子	Coho庄园	果园	2	斤	2.99	5.98
3	苹果	Coho庄园	果园	3	斤	1.99	5.97
4	香蕉	全球进口	其他	1	斤	3.99	3.99
5	莴苣	市场	本地市场	2	斤	2.29	4.58
6	西红柿	市场	本地市场	4	斤	3.49	13.96
7	西葫芦	市场	本地市场	2	斤	1.5	3
8	芹菜	全球进口	本地市场	2	斤	1.99	3.98
9	黄瓜	市场	本地市场	1	斤	2.29	2.29
10	蘑菇	全球进口	日用杂货	0.5	斤	2.25	1.125
11	牛奶	本地农民	送货上门	2	瓶（250毫升）	3.99	7.98
12	奶酪	本地农民	送货上门	1	个（150克）	9.99	9.99

图 4.26　日用杂货清单表

操作步骤是先单击"日用杂货清单表"工作表中的任意非空单元格，再单击"插入"选项卡上"表格"组中的"数据透视表"按钮，在展开的列表中选择"数据透视表"选项；在打开的"创建数据透视表"对话框中的"表/区域"编辑框中自动显示工作表名称和单元格区域的引用，选中"新工作表"单选钮，单击"确定"按钮后，一个空的数据透视表会添加到新建的工作表中。

这时"数据透视表工具"选项卡会自动显示在窗口顶部，窗口右侧会显示"数据透视表字段列表"，以便用户添加字段、创建布局和自定义数据透视表。如图4.27所示将所需字段添加到报表区域的相应位置，将"物品"字段拖到"行标签"区域，"数量"字段拖到"数值"区域，将"商店"字段拖到"列标签"区域。

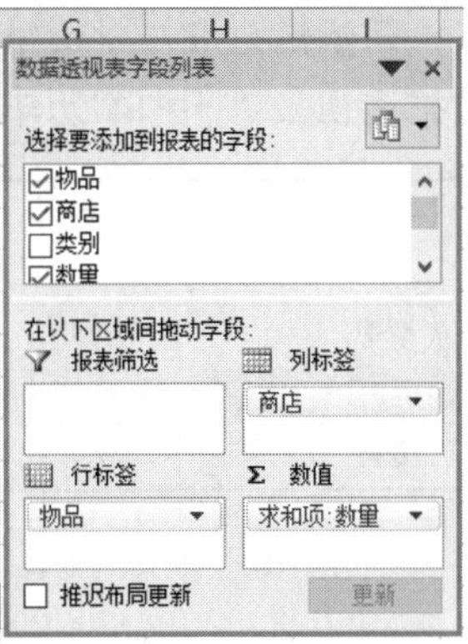

图 4.27　添加数据透视表字段

2. 数据透视表的使用

创建数据透视表后，还可以编辑修改数据透视表。

（1）要添加新的字段或者要更改所添加的字段，可在数据透视表字段列表的布局部分拖动相应的字段。

（2）要删除已有字段，在布局部分中将字段名拖到数据透视表字段列表之外。

（3）要交换行列位置，在布局部分中将行标签和列标签中的字段名互换。

（4）当数据源工作表的数据被修改时，单击"数据透视表工具 选项"选项卡上"数据"组中的"刷新"按钮，可以更新数据透视表中的数据。

（5）单击数据透视表中"行标签"或"列表签"右侧的筛选按钮，利用弹出的操作列表可分别调整相应数据的排列顺序，或只显示需要显示的数据。

（6）根据数据透视表创建数据透视图，可以在"数据透视表工具"选项卡中点击"数据透视图"，选择相应的模板。如图 4.28 所示，是根据一张资产负债表的数据透视表创建的数据透视图条形图。

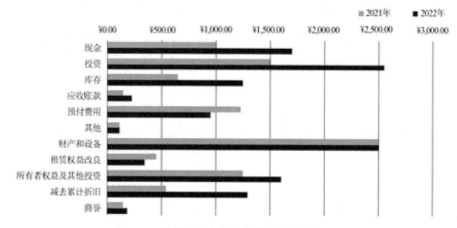

图 4.28　数据透视表创建的数据透视图条形图

数据透视表在数据分析相关的研究报告中使用得非常广泛，下面举一个例子。在一份"某年大学生就业质量研究"报告中汇总了全国所有高校毕业生毕业三个月时的就业状况，其中表达观点"薪酬满意度与学历呈负相关，学历高的毕业生平均月薪高但薪酬满意度低"时，用到了数据透视表"不同学历毕业生平均月薪及薪酬满意度"如图 4.29 所示。

学历	平均月薪/元	薪酬满意度/%		
		满意	一般	不满意
硕士	4777.9	38.0	41.6	20.4
本科	3678.8	39.3	44.0	16.7
专科	2939.0	44.1	42.8	13.0

图 4.29　不同学历毕业生平均月薪及薪酬满意度

4.6　工 作 表 打 印

Excel 2010 提供了打印工作表的功能，其中比较特别的一个新功能是可以将工作表调整为一页打印。之前的版本打印长表格时，会根据纸张大小，把超出纸张的部分分到后面的页面打印。在"文件"选项卡的"打印"标签下，点击"无缩放"栏目，可以看到选项"将工作表调整为一页"，点击以后打印，就可以看到所有内容都打印在一个页面中了。

4.6.1 页面的设置

在"页面布局"选项卡的"页面设置"组中，可以完成对页面的所有设置。

1. 页边距的设置

页边距指页面上打印区域之外的空白区域。设置页边距，可单击"页面布局"选项卡上"页面设置"组中的"页边距"按钮，在展开的列表中选择"普通""宽"或"窄"样式，可以快速设置页边距。也可以单击列表底部的"自定义边距"项，打开"页面设置"对话框并显示"页边距"选项卡，在上、下、左、右编辑框中直接输入数值，或单击微调按钮进行调整。

"页面设置"的纸张大小是工作表打印到什么规格的纸上。一般默认是 A4 打印纸，修改时可以单击"页面布局"选项卡上"页面设置"组中的"纸张大小"按钮展开列表，在其中选择某种规格的纸张；也可以单击列表底部的"其他纸张大小"项，打开"页面设置"对话框并显示"页面"选项卡，在该选项卡的"纸张大小"下拉列表中提供了更多的选项。

工作表的打印方向默认为"纵向"，在"页面布局"选项卡上"页面设置"组中的"纸张方向"中可以改为"横向"。

2. 页面的分割

打印 Excel 工作表内容时，可以通过在工作表中插入分页符将工作表分成多页打印。默认情况下 Excel 会根据纸张大小分页。当用户需要自定义分页内容时，就需要手动设置分页符。

用户单击"视图"选项卡上"工作簿视图"组中的"分页预览"按钮，或者单击"状态栏"上的"分页预览"按钮切换到"分页预览"视图，如图 4.30 所示。用鼠标上下左右拖拉分页符的位置，可以调整工作表的打印页数和打印区域。如果用户需要手动插入分页符，可以先选中一个单元格，然后单击"页面布局"选项卡上"页面设置"组中的"分隔符"按钮，选择"插入分页符"项，在"分页预览"视图调整。

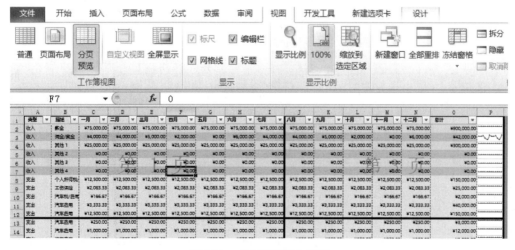

图 4.30 "分页预览"视图

3. 打印区域的设置

默认的打印区域是有数据的最大行和列作为打印区域。如果只需要打印工作表的部分数据，可以选中要打印的单元格区域，然后单击"页面布局"选项卡上"页面设置"组中的"打印区域"按钮，选择"设置打印区域"项。取消时只要在"打印区域"列表中单击"取消打印区域"项就恢复到默认设置。

4. 重复标题的设置

打印工作表默认只有第一页能打印出标题行或标题列，用户如果需要每页都加上标题行或标题列，就要单击"页面布局"选项卡上"页面设置"组中的"打印标题"按钮，在弹出的对话框中，设置"顶端标题行"或"左侧标题列"编辑框中的行或列。

5. 单元格网络线的设置

打印工作表默认不打印网格线和行号列标，如果用户需要打印，单击"页面布局"选项卡上"工作表选项"组中的网格线下的"打印"复选框。

4.6.2　页眉和页脚的设置

Excel 工作表中的页眉和页脚分别位于打印页的顶端和底端，设置方法如下。

1. 使用页眉和页脚的标准样式

Excel 自带的页眉和页脚样式，点选后可以快速设置。用户单击"插入"选项卡中"文本"组中的"页眉和页脚"按钮，Excel 会自动调出"页眉和页脚工具"的设计选项卡，并从普通视图进入"页面布局"视图，用户可在该视图中单击"页眉""页脚"下拉列表中选择系统自带的页眉或页脚样式。

2. 自定义页眉和页脚

当标准样式不符合要求时，用户可以自定义页眉和页脚。用户先选中页眉的左中右的其中一个位置，再在"页眉和页脚工具"的设计选项卡中，单击需要的"页眉和页脚元素"，例如"页码""日期"等。然后单击"设计"选项卡"导航"组中的"转至页脚"按钮，同样将需要的元素插入到合适的位置。

设计选项卡还提供了"首页不同"和"奇偶页不同"的页眉页脚设计选项，可以在选项卡中勾选。

第5章　演示文稿软件

随着手机、网络、平板电脑等设备被广泛使用，计算机基础办公软件也在信息化浪潮中被普及得更广更深。本章在介绍基本操作的基础上，在广度和深度上加以拓展，5.1～5.6节介绍基本功能，5.7节介绍演示文稿的设计理念。

5.1　PowerPoint 2010 基础

PowerPoint（简称PPT）是微软公司发布的Office办公软件套装中专门处理演示文稿的软件，随着Office软件套装的升级发布，这几年大众常用的PowerPoint 2003和PowerPoint 2007版本已经被PowerPoint 2010版本替代，目前最新的版本是PowerPoint 2021。

5.1.1　功能

PowerPoint 2010 的功能相对之前的版本是改变最大的，后期升级的2013、2016以及2019版本是在此版本的基础上进行完善。首先，2010版本中最大的变化是用户界面更改，Office 2010 用户界面引入了新的"文件"选项卡，它取代了 Office 2007 中的 Microsoft Office 按钮，通过"Office Backstage"视图可快速访问常用文件管理任务，查看文件属性、设置权限，以及共享演示文稿；其次是2010版本对设计功能的加强，满足了用户越来越高的审美需求，增加的铅笔素描、线条图、粉笔素描、水彩海绵、玻璃、塑封等艺术效果非常实用，新增加的 SmartArt 图形图片布局，加强了可视化图形的逻辑表达功能；第三方面2010版本的音频和视频文件可直接嵌入演示文稿，也可以将演示文稿转换为视频，加强了分享与分发的功能。

PowerPoint 2010 新功能介绍放在了自带的样本模板中，PowerPoint 2010 的用户打开软件就可以自行了解。如图 5.1 所示，在"文件"选项卡"新建"命令中，选择"样本模板"，打开"PowerPoint 2010 简介"模板即可，如图 5.2 所示。

图 5.1　"文件"选项卡

图 5.2　PowerPoint 2010 简介

PowerPoint 2010 中还新增了节的功能，这个功能对于信息过多、思想脉络复杂的演示文稿特别有用。了解并合理使用 PowerPoint 2010 中的"节"，将整个演示文稿划分成若干个小节来管理，设置页面间先后总分的逻辑关系，不仅有助于规划文稿结构，同时编辑和维护起来也能大大节省时间。

增加节的功能标签如图 5.3 所示。

PowerPoint 2010 中还新增了窗格功能，如图 5.4 所示。在"选择"功能下的"选择窗格"，可以产生对象可见/隐藏功能，在 PPT 编辑区的对象在编辑时可以隐藏。

图 5.3　增加节的功能标签

图 5.4　窗格功能

5.1.2　窗口

PowerPoint 2010 增加了功能区的概念。功能区相当于 PowerPoint 2003 及更早版本中的菜单和工具栏上的命令和其他菜单项。功能区能更快速地找到完成任务所需的命令。它的特点是：

（1）每个选项卡包含一种类型的活动，例如，"插入"选项卡包含插入媒体的所有操作。每个功能区又是进一步细化的操作，例如，"插入"选项卡的"表格"功能区包含插入表格操作，"图像"功能区包含插入图像的操作。

（2）某些选项卡仅在需要时才显示。例如，"图片"工具选项卡一开始没有，必须在插入一张幻灯片上的图片，选择图片后才显示出来。幻灯片编辑区、大纲区和状态栏的分布如图 5.5 所示。

下面介绍一下 PowerPoint 2010 的几个常用选项卡，实例中安装了 iSlide 插件，所以多了一个 iSlide 选项卡，此外在自定义功能中（后面会介绍）增加了一个"图形"选项卡。

"开始"选项卡（图 5.6）用于在演示文稿中插入新幻灯片、把对象组合在一起，并设置文本格式。点击"新建幻灯片"旁边的箭头，则可从多个幻灯片布局进行选择；"字体"组包括"字体""加粗""斜体"

图 5.5 幻灯片视图

和"字号"按钮；"段落"组包括"文本右对齐""文本左对齐""两端对齐"和"居中"；单击"排列"，然后在"组合对象"中选择"组"，可以看"组"命令。

图 5.6 "开始"选项卡

"插入"选项卡（图 5.7）用于在演示文稿中插入表格、形状、图表、页眉或页脚。

图 5.7 "插入"选项卡

"设计"选项卡（图 5.8）用于在演示文稿中自定义背景、主题设计和颜色或页面设置。

图 5.8 "设计"选项卡

"切换"选项卡（图 5.9）用于应用、更改或删除当前幻灯片的切换效果。在"切换到此幻灯片"组，选择一种切换可将其应用于当前幻灯片。在"声音"列表中，可从多种声音中进行选择以在切换过程中播放。在"换片方式"下，可选择"单击鼠标时"以在单击时进行切换。

"动画"选项卡（图 5.10）用于应用、更改或删除幻灯片上的动画对象。先选中对象，再单击"添加动画"，然后选择应用于选定对象的动画；单击"动画窗格"可启动"动画窗格"任务窗格。"计时"组包括用于设置"开始"和"持续时间"的区域。

图 5.9 "切换"选项卡

图 5.10 "动画"选项卡

"幻灯片放映"选项卡（图 5.11）用于设置幻灯片开始放映的位置、自定义的幻灯片放映，设置并隐藏单个幻灯片。"开始幻灯片放映"组包括"从头开始"和"从当前幻灯片开始"；单击"设置幻灯片放映"可启动"设置放映方式"对话框。

图 5.11 "幻灯片放映"选项卡

"审阅"选项卡（图 5.12）用于检查拼写、更改语言或比较当前演示文稿与另一个演示文稿中的更改。"拼写检查"功能用于启动拼写检查程序；"比较"组可以比较当前演示文稿与另一个演示文稿中的更改。

图 5.12 "审阅"选项卡

"视图"选项卡（图 5.13）用于查看幻灯片母版、备注母版、幻灯片浏览视图，还可以启用或关闭标尺、网格线、和绘图的参考线。

图 5.13 "视图"选项卡

图 5.13 某些选项卡是在需要操作时才能看到，例如"剪裁"或"压缩"命令。若要查看到该命令，首先选择要使用的对象，然后检查在功能区中是否显示选项卡，例如先选中一个插入的图像，就可以在"图像工具"选项卡中看到"剪裁"命令。

5.1.3 基本概念

1. 幻灯片（Slide Film）

传统概念里的幻灯片又称作正片，是一种底片或菲林。幻灯片教学的时候经常用投影机观看投影在墙面或幕布的照片。这种幻灯片多半是用透明正片装进放映机放映。

现在所谓幻灯片是一种由文字、图片等制作出来加上一些特效动态显示效果的可播放的电子文件。它是可以利用微软公司的 Microsoft Office 的 PowerPoint、金山公司的 WPS Office 套件中的 WPS 演示、苹果公司的 iWork 套件中的 Keynote 等办公软件制作出来的一种文件。简单地说，就是在做演讲的时候放给观众看的一种图文并茂的图片，用来更加直观地阐述观点，使听众更加容易理解演讲内容的辅助工具。

2. 演示文稿（Presentation）

PPT 是 PowerPoint 简称：一种说法是因为通用的 PowerPoint 文件后缀含有 PPT 几个字母，所以简称 PPT；另一种说法是 PPT 是 PowerPoint Transparency 的首字母缩写。

在 PowerPoint 中，演示文稿和幻灯片这两个概念是有差别的，利用 PowerPoint 做出来的文件叫演示文稿，而演示文稿中的每一页叫幻灯片，每张幻灯片都是演示文稿中既相互独立又相互联系的内容。

5.2 演示文稿创建

使用"文件"选项卡可创建新文件、打开或保存现有文件，也可打印演示文稿。
"文件"选项卡的信息，"文件"选项卡如图 5.14 所示。

图 5.14 "文件"选项卡

图 5.15 是保护演示文稿的权限按钮的下拉菜单，可以设置文件的加密信息。

图 5.16 是检查问题按钮的下拉菜单，可以检查文件的版本是否兼容早期版本。

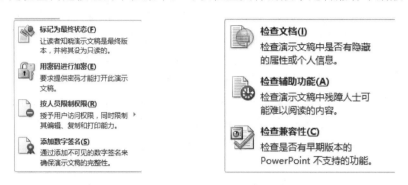

图 5.15　保护演示文稿的权限按钮的下拉菜单　　图 5.16　检查问题按钮的下拉菜单

自定义功能区。点击"文件"选项卡，接着点击左侧的"选项"，然后点击"自定义功能区"（图 5.17）。在右边"主选项卡"下方找到自己要调换的选项卡名称，例如选择"幻灯片放映"，然后点击右侧的上下三角形按钮，就可以调整命令的前后顺序；点击"添加""删除"命令就可以把左边的命令调入右侧"幻灯片放映"选项卡。

图 5.17　自定义功能区

PowerPoint 2010 自带的图形处理功能较之前的版本增加了形状联合、形状组合、形状交点、形状剪除功能，可以根据这四个功能命令进行形与形之间的更复杂关系的剪裁。"组合形状"可以快速地建立自己的任意图形。这四个功能按钮如图 5.18 所示。

图 5.18　功能按钮

这四个功能按钮默认不出现在选项卡中，需要在自定义功能区设置后才能显示。方法是在自定义功能区中选择"不在功能区中的命令"，找到形状联合、形状组合、形状交点、形状剪裁，选中这四个命令，右侧需要"新建选项卡""新建组"后，把这四个命令添加到新建的选项卡中。

现在以创建一个"VB 程序设计——第一章程序设计基础"（简称"VB"）的 PPT 为实例，说明 PPT 建立的过程以及相关的功能。

5.2.1　演示文稿的创建

首先，要创建一个演示文稿。在"文件"菜单下有"新建"按钮，右边给出了可用的模板和主题，有以下四种方式新建，分别如图 5.19 所示。

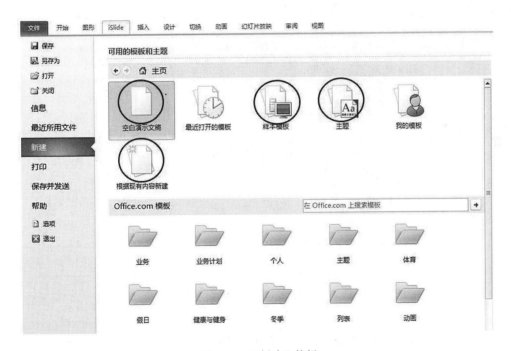

图 5.19　"新建"按钮

1. 根据样本模板创建

选择 Office.com 自带的模板，在联网状态下选择一个模板后，打开模板的同时就会自动下载该模板。例如选择"员工培训演示文稿"，如图 5.20 所示。

图 5.20 选择"员工培训演示文稿"

根据模板建立 PPT，左侧给出了该模板提供的所有版式。例如，要建立员工培训的标题幻灯片，就选中模板中的标题版式，在幻灯片编辑区点击"在此处键入您的主题"，输入自己需要的内容，如图 5.21 所示。

图 5.21 标题版式

2. 根据主题创建

主题中提供的模板都是内置的，不需要联网下载，如图 5.22 所示。

例如，图 5.23 选择了名为"角度"的主题模板，打开后可以看到标题，在提示处添加标题和副标题。如果想添加其他版式的内容页，在新建幻灯片的按钮中选择，如图 5.24 所示。

3. 根据现有演示文稿创建

如果没有现成的模板，只有想使用的类似的 PPT 文件，可以通过现有演示文稿打开该 PPT 文件，就可以使用这个 PPT 的背景、版式了，如图 5.25 所示。

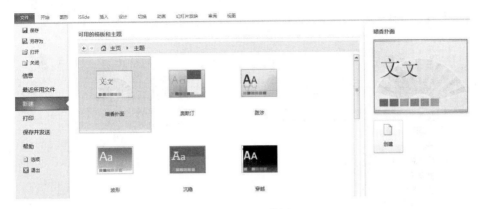

图 5.22　主题模板

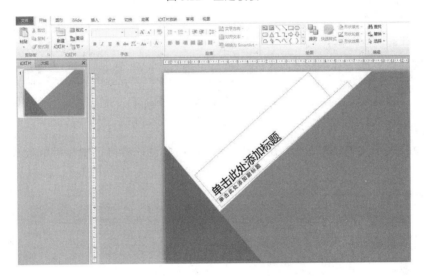

图 5.23　"角度"模板

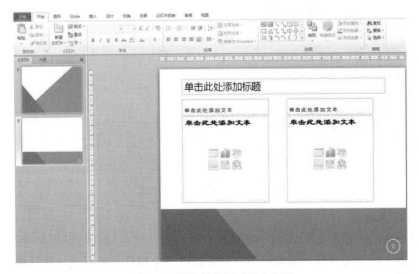

图 5.24　添加其他版式的内容页

图 5.25 根据现有演示文稿新建

4. 空白演示文稿的创建

选择空白演示文稿,就是没有任何背景修饰,需要设计者自己制作母版版式,如图 5.26
所示。

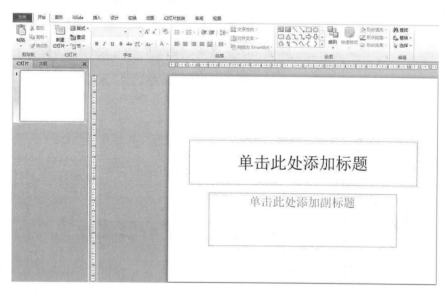

图 5.26 空白演示文稿的创建

5.2.2 幻灯片的编辑

幻灯片的编辑包括插入、复制、移动和删除操作,这些操作可以用两种方法来完成。
一种是顶部的"新建幻灯片"菜单;另一种是选中一个幻灯片列表区域中的幻灯片,点击
鼠标右键,在弹出的快捷菜单中选择。

1. 利用顶部菜单完成

点击顶部的"新建幻灯片"命令,下拉菜单底部有四种新建方式,如图 5.27 所示。

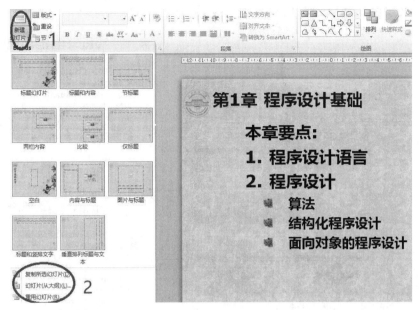

图 5.27 "新建幻灯片"命令

(1)第一种方式是复制幻灯片,也就是直接在已经选中的幻灯片下方复制一张选中的幻灯片。

(2)第二种方式是从大纲新建,点击后打开"插入大纲"对话框,选择一个已经编辑好大纲内容的 Word 文档,就可以根据 Word 文件的大纲自动生成 PPT,如图 5.28 所示。

图 5.28 选择一个已经编辑好大纲内容的 Word 文档

第二种方式需要的 Word 文档，如图 5.29 所示，总共两段文字，每段的样式分别是"标题 1""标题 2""标题 3"。生成的 PPT 如图 5.30 和图 5.31 所示，自动分成两个幻灯片，并根据文字内容的大纲级别分层。

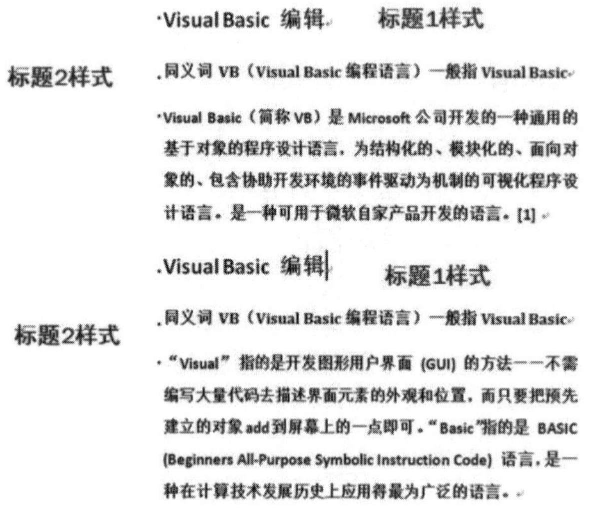

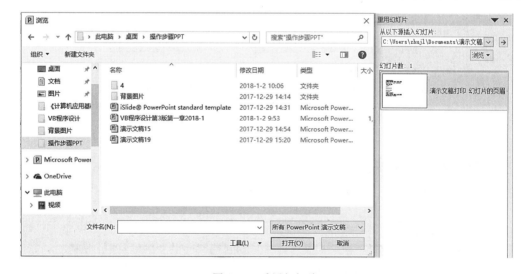

图 5.29 Word 文档

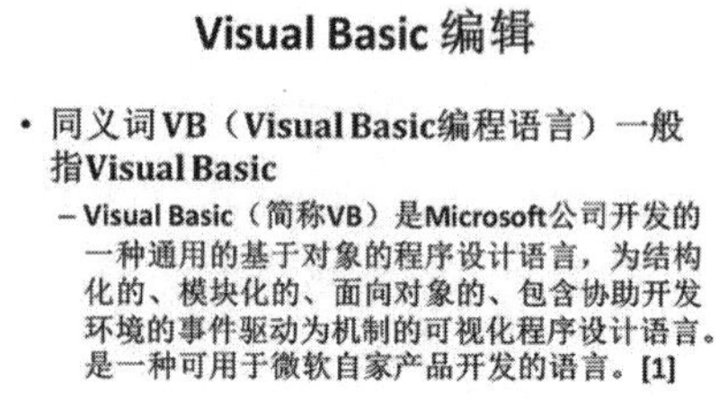

图 5.30 幻灯片 1

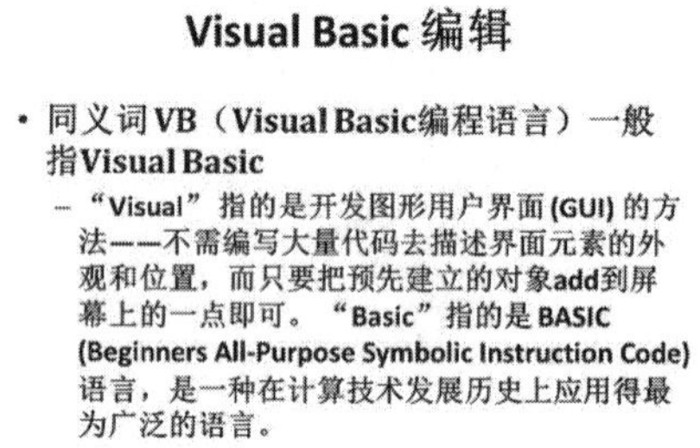

图 5.31 幻灯片 2

（3）第三种方式是"重用幻灯片"，也就是从其他 PPT 文件中，把已经编辑好的幻灯片直接复制到本 PPT 文件，复制过来的幻灯片自动套用本幻灯片的模板，如图 5.32 所示。

图 5.32 重用幻灯片

（4）第四种方式就是直接选择"新建幻灯片"按钮下拉菜单中需要的版式，就可以直接在已选中的幻灯片下方新建一个该版式的空白幻灯片了。

2. 利用右键快捷菜单完成

在左侧的幻灯片列表区域选中一个已有的幻灯片，单击右键就可以找到"新建幻灯片"。

5.2.3 幻灯片的版式

幻灯片版式是 PowerPoint 软件中的一种常规排版的格式，通过幻灯片版式的应用可以对文字、图片等更加合理简洁完成布局。版式由文字版式、内容版式、文字板式和内容版式与其他版式这四个版式组成。这里的内容指的是文字之外的添加"图片""表格""图表""媒体剪辑"等多项内容。通常软件已经内置几个版式类型供使用者使用，利用这四个版式可以轻松完成幻灯片制作和运用。这些版式可以在母版中编辑修改或者新建，母版内容后面会介绍。如图 5.33 所示，新建一个主题为"暗香扑面"的 PPT 文件，"版式"按钮下拉菜单中可以找到母版中预设的各类版式。

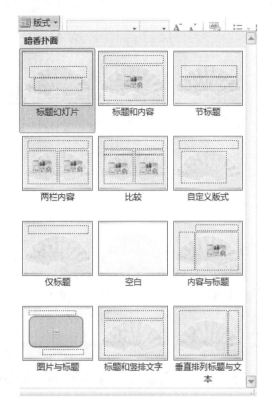

图 5.33　版式

5.3　幻灯片内容编辑

现在介绍如何在"VB 程序设计——第一章程序设计基础"演示文稿中添加文本图片、影音等幻灯片内容，并对内容进行编辑修改。

5.3.1　文本和图片的编辑

1. 文本的编辑

文本的编辑主要是设置字体、大小、格式、位置和颜色，和 Word 中的使用方法一样，需要注意以下两点。

（1）标题。幻灯片的所有标题应当采用相同的字型、大小、格式、位置和颜色。标题字体的大小在幻灯片中最大。标题应当放置在幻灯片的上方，因为这样最能吸引观众的注意力。

副标题的字体比正标题小一些，放置的位置也要每张都一致。

（2）项目符号。一般每页 3~5 个，尽量不要超过 7 个。尽量不要让同一个系列的内容超出一页。

文本编辑界面如图 5.34 所示。

文本编辑还可以在"插入"选项卡，选择插入文本框按钮，直接在幻灯片需要的位置画出一个矩形区域来编辑文本。

图 5.34　文本编辑界面

2. 图片的编辑

图片编辑可以在"插入"选项卡,选择插入图像组中的"图片""剪贴画""屏幕截图""相册"按钮,插入的方法和 Word 一样。

插入图片后,就可以看到"图片工具"选项卡(图 5.35),可以对图片进行编辑。

图 5.35　"图片工具"选项卡

下面简单介绍几种实用的编辑。

(1)裁剪。可以直接对图片进行裁剪,还可以通过"裁剪-纵横比"按照系统提供的图像比例对图片进行裁剪。此外,还提供了形状裁剪功能,单击裁剪按钮下方的下拉菜单按钮,打开多个形状列表,在此选择一种图形样式,这样图片会自动裁剪为该形状。

(2)去除图片背景。在图像编辑界面单击"删除背景"按钮,进入"图像编辑"界面,通过"标记要保留的区域"和"标记要删除的区域"来删除背景。保留区域选择后,单击"保留更改"按钮,这样图像中的背景就会自动删除了。PowerPoint 2010 提供的"删除背景"功能只是一个傻瓜式的背景删除功能,没有颜色编辑和调节功能,因此太复杂的图片背景无法一次性去除。

此外还可以根据需要对照片进行颜色、图片边框、图片版式等设置,制作出有个性的图片效果。

3. 布局

一篇设计规范的演示文稿会有标题幻灯片、内容幻灯片和结论幻灯片。标题幻灯片会介绍 PPT 有什么内容、演讲的目的、演讲人的信息等。结论幻灯片可以在结束演讲之前再次强调 PPT 的主要内容和观点。内容幻灯片中每张幻灯片内容不要太多,每段的句子要短,文字不能太小以至于无法辨认。设计好的幻灯片上只出现关键性的词语或短句,不要每张幻灯片都塞满了信息,不要把整段的文字搬上幻灯片。

整套幻灯片的格式应该一致，包括颜色、字体、背景等。同一套幻灯片一般使用统一的横向或者竖向格式，不要混杂使用。文字太多的幻灯片进行简化或拆分。选择一些幻灯片添加内容相关的图片。

5.3.2 影音内容的插入

1. 音频文件的插入

选择插入选项卡，找到"媒体"组的"音频"按钮，点击后可以选择"文件中的音频""剪贴画音频""录制音频"。

当幻灯片编辑区中插入一个音频文件后，会出现一个喇叭图标，选中它就可以在顶部新增加一个"音频工具"选项卡，其中的"播放"选项卡专门控制音频的播放功能，如图5.36所示。

图5.36 "播放"选项卡

下面介绍在 PPT 中嵌入背景音乐的方法：首先把音乐文件的格式变为 WAV、MP3 等 PPT 能够播放的格式（如果格式不能播放，可以利用音频文件格式工具转化）；插入文件中的音频之后，把小喇叭移到幻灯片编辑区之外，这样播放时就看不到小喇叭图标，点击小喇叭的图标，PPT 上面的工具会出现播放选项卡。在"音频选项"组把默认的"单击时"改为"跨幻灯片播放"，选择"放映时隐藏"和"循环播放，直到停止"。保存退出后，音乐文件已经嵌入 PPT 文件了。

在 PowerPoint 2007 或者 PowerPoint 2003 里只支持 WAV 格式文件的嵌入，其他格式的音频文件均是链接，必须一起打包音频文件。PowerPoint 2010 可直接内嵌 MP3 音频文件，但不能在兼容模式下使用，否则音频文件会自动转换成图片，无法播放。

PowerPoint 2010 提供了剪裁音频文件功能，再设置为淡入淡出，音乐的出没不会感到突兀。音频的剪裁实际只是遮盖了不想要听到的部分，并未真正剪去多余的文件内容。对音乐进行剪裁时，左边是调节播放的时间点，右边是调节结束的时间点，如图5.37所示。

2. 视频文件的插入

PowerPoint 2010 可以内嵌视频文件，也可以嵌入来自剪贴画库的 .gif 动画文件。和音频文件相同，视频文件也可剪裁。

3. 将 PPT 转换为视频

在 PowerPoint 2010 中打开一个 .pptx 格式的 PPT 演示文稿，点击 PowerPoint 界

图5.37 剪裁音频

面的"文件"选项卡，选择"另存为"，就可以看到如图5.38所示的存储类型。在保存类型中选择"Windows Media 视频"，PPT 演示文稿就转换成 .wmv 视频文件了。可以用 Windows Media Player 播放这个转换出来的视频文件。

4. 制作多媒体相册

在"插入"选项卡，在"图像"选项组中，单击"相册"的"新建相册"，打开对话框，如图 5.39 所示。

图 5.38 存储类型

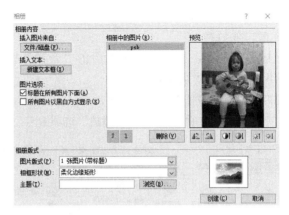

图 5.39 "新建相册"对话框

在弹出的对话框中单击"文件/磁盘"，选择相片，单击"插入"回到"相册"对话框，图片版式根据需要选择，例如图 5.39 中选择"1 张图片（带标题）"，相框形状选择"柔化边缘矩形"，选择一个主题。在图片缩略图下方界面可以对相片进行亮度、对比度和角度调整。"新建文本框"可以添加一些文字进去，做成纯文本幻灯片，起到过渡效果。

切换到"切换"选项卡，在计时中将换片方式设置为自动，自动换片时间为 5 秒。在切换方案里面自选效果。然后点击"全部应用"或者设置每张不同的切换效果。

切换到"插入"选项卡，选择"媒体"的"音频"插入一段音乐。设置音乐自动循环播放，并在播放时隐藏。

单击"文件"选项卡，在下拉菜单中选择"另存为"。在弹出的对话框中将保存文件类型选择为"Windows Media 视频"格式，最后保存。视频相册就制作完成了。

5.3.3 超链接的使用

在制作 PPT 的时候，为了说明相关内容，往往需要跳转到当前页面之前或者之后的某页幻灯片，或者打开某个网页、某个文件，此时可对幻灯片中的特定文本或图片设置超链接（通常设置成不同于其他文本的格式），点击以后就会跳转到相关的页面中。需要注意的是，由 PPT 保存为视频文件后，其中的链接会失效。

可以使用以下两种方法来创建超链接。

1. 文本和图片的超链接

第一种方法是利用超链接按钮创建超链接。在幻灯片中选择要编辑超链接的文本或者图像图形，选中需要超链接的对象后，点击"插入"选项卡的"超链接"按钮就会弹出对话框，如图 5.40 所示。

在弹出的"插入超链接"对话框下面的"地址"后面输入要加入的网址，就可以链接到外部的网址。如果要链接到电脑内部的相关文档，在"查找范围"中找到文档的存放位置，选中这个文档。

如果要链接到本 PPT 的其他幻灯片页面，可以选择"链接到"的"本文档中的位置"，通过"请选择文档中的位置"选择要跳转到的幻灯片，确定即可，如图 5.41 所示。

图 5.40 "插入超链接"对话框

图 5.41 链接到"本文档中的位置"

如果要链接到某个电子邮件地址，可以选择"链接到"的"电子邮件地址"，输入主题确定，如图 5.42 所示。

图 5.42 链接到"电子邮件地址"

2. 动作按钮的超链接

第二种方法是利用"动作设置"创建超链接，先选中需要创建超链接的对象，点击"插入"选项卡的"动作"按钮，就会弹出对话框，如图 5.43 所示。

图 5.43 "动作设置"对话框

在"动作设置"对话框中有两个选项卡"单击鼠标"与"鼠标移过",通常选择默认的"单击鼠标",而"鼠标移过"的意思是当鼠标在对象上悬停时就自动跳转到其他幻灯片。两个选项卡的内容一样,单击"超链接到",打开超链接选项下拉菜单,选择一张幻灯片。若要将超链接的范围扩大到其他演示文稿或 PowerPoint 以外的文件中去,则只需要在选项中选择"其他 PowerPoint 演示文稿…"或"其他文件…"选项。

"播放声音"中可以选择添加音效。

3. 取消超链接

选中链接,然后右键单击,在快捷菜单中选中"取消超链接"。

4. 超链接字体设置

进入"设计"选项卡,单击"主题"选项组中的"颜色",在下拉菜单中选择"新建主题颜色",在弹出的"新建主题颜色"窗口中的最下面,可以看到"超链接"和"已访问的超链接",这里可以任意设置颜色。

默认 PPT 中的超链接有下划线,如果想去掉下划线,可以使用如下方法:选择需要去除下划线的文字,点击右键,选择"字体",在弹出对话框内先将"下划线线型"更改为单线,然后将"下划线颜色"修改成 PPT 的背景色。

5.3.4 幻灯片背景的设置

幻灯片默认的背景可以单张修改,也可以全部修改,在"设计"选项卡的"背景"组,进行相关设置,如图 5.44 所示。

图 5.44 背景设置

1. 幻灯片背景格式选择

选择"背景样式"按钮,每种主题都有几种背景供选择,直接选中合适的背景,这里选中的背景会自动应用到所有幻灯片,如图 5.45 所示。

如果需要重新设置背景,就点击"设置背景格式按钮",这里可以填充纯色、渐变色、图片、图形等,在图片更正、图片颜色和艺术效果选项卡中,可以对背景进行明暗、色调等设置,如图 5.46 所示。

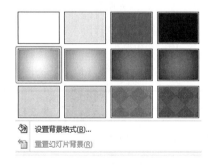

图 5.45 设置背景格式

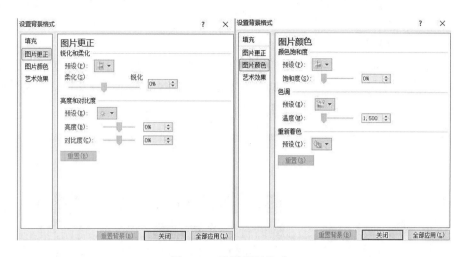

图 5.46　设置背景格式 1

2. 幻灯片背景的应用范围

在对话框底部有一个按钮"全部应用"，当选择此按钮，修改后的背景就会应用到所有幻灯片。当选择"关闭"按钮，修改后的背景只应用到当前幻灯片。如图 5.47 所示。

3. 幻灯片背景的隐藏

在"设计"选项卡的"背景"组，有一个"隐藏背景图形"的复选框，当选择该命令后，背景中的图形就消失了。图 5.48 为自带的主题为"画廊"的模板，当选择"隐藏背景图形"后，模板就变成了图 5.49。

图 5.47　设置背景格式 2　　　　图 5.48　"画廊"主题模板　　　图 5.49　隐藏背景图形

5.4　演 示 文 稿 修 饰

现在介绍如何在"VB 程序设计——第一章程序设计基础"演示文稿中设计主题、动画、模板等内容，这些内容可以修饰美化演示文稿，提升幻灯片的品质。

5.4.1 幻灯片的主题

1. 幻灯片主题的选择

在 "设计"选项卡中，有一个"主题"组，点击右边的小三角下拉菜单，如图 5.50 所示，可以看到软件自带的主题，这些主题不用联网下载就可以选择运用，点击选择后，默认所有幻灯片都应用了所选主题，包括颜色、字体、效果。

图 5.50　主题

2. 幻灯片主题颜色的设置

如图 5.51 所示，如果不想换其他主题，只是想改变本主题的字体颜色，可以选择右侧"颜色"菜单下的"新建主题颜色"，包括超链接的颜色修改也在这里完成。

图 5.51　修改主题颜色

3. 幻灯片主题字体的设置

如图 5.52 所示，如果不想换其他主题，只是想改变本主题的字体型号，可以选择右侧"字体"菜单下的"新建主题字体"，重新设置标题和正文的字体。

4. 幻灯片主题效果的设置

主题效果、主题颜色和主题字体三者构成一个主题。主题效果指的是应用于文件中元素的视觉属性的集合。主题效果主要是设置幻灯片中图形线条和填充效果的组合，包含了多种常用的阴影和三维设置组合。主题的效果会应用于图表、SmartArt 图形、形状、图片、表格等对象。通过使用主题效果库，可以替换不同的效果快速更改这些对象，如图 5.53 所示。

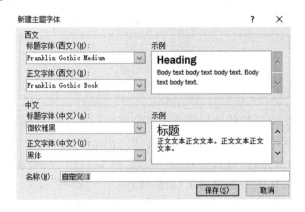

图 5.52　修改主题字体

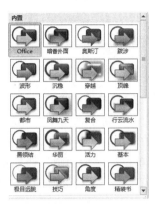

图 5.53　主题效果

5. 幻灯片主题的应用范围

可以把某个主题只应用于某一个或某几个幻灯片。方法就是选择一个主题，单击右键，选择"应用于选定幻灯片"，如图 5.54 所示。

5.4.2　幻灯片的切换

1. 幻灯片切换效果的选择

在演示文稿放映过程中由一张幻灯片进入另一张幻

图 5.54　设置主题的应用范围

灯片就是幻灯片之间的切换，为了使幻灯片放映更具有趣味性，幻灯片切换可以使用不同的效果。在功能区的"切换"选项卡的"切换到此幻灯片"组中，可以选择切换效果，如果需要选更多的就点击"其他"，如图 5.55 所示。

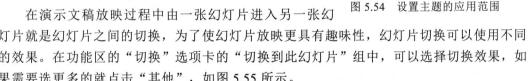

图 5.55　幻灯片切换效果设置

选择了切换方式以后，还可以对其效果选项进行效果设置。设置好了切换效果以后，在幻灯片窗格中有不同的显示。如果想让所有的幻灯片都是这个效果，选择"全部应用"。如果想让不同的幻灯片的切换效果不一样，就要单独进行每张幻灯片的设置。在设置完成后，要进行预览或是幻灯片浏览。

每一种切换方式都有特定的"效果选项"，例如选择"擦除"方式，就可以在右边的"效果选项"中选择"自右侧""自顶部"等，如图 5.56 所示。

2. 幻灯片切换的换片方式

可以设置幻灯片切换的持续时间，以及切换时的声音，还可选择换片方式，包括单击鼠标和设置自动换片时间两种形式，如图 5.57 所示。

图 5.56 "效果选项"　　　　　　图 5.57 设置幻灯片切换

5.4.3 幻灯片的动画

上一节讲了上一个幻灯片到下一个幻灯片的切换方式。本节讲一张幻灯片内部的各种对象的动画，例如文字、图片、图形的动画。首先选中一个对象，然后切换到"动画"选项卡，单击"添加动画"选择相应的动画方式，设置"开始"方式.例如"上一动画之后"，再适当设置一下持续时间、延迟等，即可为所选择对象设置动画效果。选中的图片或文字可以进行四种动画设置，分别是进入、强调、退出和动作路径。如图 5.58 所示。

图 5.58 动画设置

1. 进入动画的设置

"进入"是指对象"从无到有"，在"添加动画"下拉菜单，点击"更多进入效果"，可以打开"添加进入效果"对话框。同一个对象，可以添加多个动画。比如，设置好一个对象的进入动画后，单击"添加动画"按钮，可以再选择强调动画、退出动画或路径动画，如图 5.59 所示。

2. 强调动画的设置

"强调"是指对象直接显示后再出现的动画效果。在"添加动画"下拉菜单，点击"更多强调效果"，可以打开"添加强调效果"对话框（图 5.60）。

3. 动作路径的设置

"动作路径"是指对象沿着已有的或者自己绘制的路径运动，在"添加动画"下拉菜单，点击"其他动作路径"，可以打开"添加动作路径"对话框（图 5.61）。

路径的动画可以让对象沿着一定的路径运动，系统默认提供了几十种路径。如果没有自己需要的，可以选择"自定义路径"，此时，鼠标指针变成一支铅笔，可以用这支铅笔绘制自己想要的动画路径。如果想要让绘制的路径更加完善，可以在路径的任一点上单击右键"编辑顶点"，通过拖动线条上的每个顶点调节曲线的弯曲程度。

图 5.59 "添加进入效果"对话框

图 5.60 "添加强调效果"对话框

4. 退出动画的设置

"退出"是指对象"从有到无",在"添加动画"下拉菜单,点击"更多退出效果",可以打开"添加退出效果"对话框(图 5.62)。

图 5.61 "添加动作路径"对话框

图 5.62 "添加退出效果"对话框

5. 动画的动作效果

点击"效果"按钮,可以对动画出现的方向、序列等进行调整,如图 5.63 所示。

6. 动画的开始方式

在"计时"组的"开始"选项中,开始时间选择默认为"单击时",如果单击"开始"后的下拉选框,则会出现"与上一动画同时"和"上一动画之后"。前者表示此动画和前一个动画同时出现,后者表示上一动画结束后再立即出现。

7. 动画的持续时间

调整"持续时间",可以改变动画出现的快慢。调整"延迟时间",可以让动画在"延迟时间"设置的时间到达后才开始出现,对于动画之间的衔接特别重要,便于观众看清楚前一个动画的内容,如图 5.64 所示。

如果需要调整一张幻灯片里多个动画的播放顺序,则单击"动画窗格",打开右边框旁边出现"动画窗格",如图 5.65 所示。拖动每个动画的位置可以调整出现顺序,也可以单击右键将动画删除。

图 5.63　效果选项　　　图 5.64　调整"持续时间"　　　图 5.65　动画窗格

8. 动画的复制

如果希望在多个对象上使用同一个动画,则先选中已有动画的对象上,再点击"动画刷"按钮,此时鼠标指针旁边会多一个小刷子图标,用这种格式的鼠标单击另一个对象,则两个对象的动画完全相同。

5.4.4　母版的使用

如果一个演示文稿的多页幻灯片需要有很多相同的内容,例如多页幻灯片使用相同的文字、图片、背景、配色和文字格式等,这些统一的内容应该使用演示文稿的母版进行设置。母版的设计决定了演示文稿的一致风格和统一内容,可以设置"主母版",也可以为每个版式单独设置"版式母版",还可创建自定义的版式母版。

PowerPoint 中这几个概念常常被初学者混淆:"版式""主题""模板""母版""背景",因为它们都是和幻灯片的修饰美化相关的,这里简单辨析一下。

(1)幻灯片版式是指各个对象元素的排列分布,也就是俗称的排版。

(2)主题是一组统一的设计元素,包括背景颜色、字体格式和图形效果等内容。利用设计主题,可快速对演示文稿进行外观效果的设置。

(3)模板是已经做好了的"样板",每张幻灯片已经输入了文字、图片、动画、声音等内容,使用者可以直接"替换"内容,不需要每个版面都从头做起。

(4)母版是幻灯片各个页面所设定的"统一规格"。母版所显示的内容是所有幻灯片中共有的东西,例如背景、日期、页码等。同时,母版还决定着标题和文字的样式。母版在幻灯片编辑状态不可以修改,只有在编辑母版状态下才可以修改。如果母版上有一个动画,那这个动画会在每张幻灯片中出现。

(5)背景是指幻灯片页面上烘托主题的材料。可以在母版中设置所有幻灯片共有的背景,也可以设置某个单独幻灯片的特有背景。

1. 幻灯片母版的插入

编辑母版,需要进入母版编辑模式。首先进入"视图"选项卡,点击下面的"幻灯片母版"，就可以新增一个"幻灯片母版"选项卡，如图5.66所示。点击"插入幻灯片母版"可以插入一个"主母版"，点击"插入版式"可以插入一个"版式母版"。编辑完毕后，点击"关闭母版视图"，就可以恢复到幻灯片编辑模式。

图 5.66 "幻灯片母版"选项卡

2. 幻灯片母版的编辑

主母版设计中的"主母版"能影响它下级的所有"版式母版"，如果有统一的内容、图片、背景和格式，可直接在"主母版"中设置，下级的"版式母版"会自动与之一致。版式母版设计包括标题版式、图表、文字幻灯片等，可单独控制配色、文字和格式。

实际编辑版式母版有两种常用方式，一种是利用现有版式母版复制，另一种是新建版式母版，从头开始编辑。前者需要在母版视图中选择一个需要修改的版式母版，右键单击选定的版式，选择复制版式，然后在复制的这个版式上进行编辑；后者直接点击"插入版式"。

如图 5.67、图 5.68 所示分别为软件自带的"标题幻灯片版式""标题与内容版式"的版式母版。如果是用"插入版式"的方法新建，就会默认命名为"自定义版式"。

图 5.67 标题幻灯片版式   图 5.68 标题与内容版式

3. 占位符的使用

编辑母版时，需要用占位符来代替实际对象，也就是说母版中的占位符在幻灯片放映时不显示，是"虚的"，只有在编辑幻灯片时，插入实际对象，才会变成"实的"。例如插入文本占位符，母版中就会显示"单击此处编辑母版文本样式"。插入图表占位符，母版中就会显示"单击图标添加图表"，如图5.69所示。

图 5.69 插入占位符

5.5 幻 灯 片 放 映

幻灯片放映有多种播放形式，相关功能按钮都在"幻灯片放映"选项卡中。这里介绍以下这些功能。

5.5.1 放映的方式

选择"幻灯片放映"选项卡就可以进入相关设置，如图 5.70 所示。

图 5.70 "幻灯片放映"选项卡

1. 放映类型

单击"幻灯片放映"选项卡中的"设置幻灯片放映"，在"设置放映方式"对话框中选中需要的放映类型。"演讲者放映"选项是默认的放映方式，在这种放映方式下，幻灯片全屏放映，放映者可以控制放映停留的时间、暂停演示文稿放映等；"观众自行浏览"放映方式下，幻灯片从窗口放映，并提供滚动条和"浏览"菜单，由观众选择要看的幻灯片，在放映时可以使用工具栏或菜单移动、复制、编辑、打印幻灯片；"在展台浏览"放映方式下，幻灯片全屏放映，每次放映完毕后，自动反复，循环放映，除了鼠标指针外，其余菜单和工具栏的功能全部失效，终止放映要按 Esc 键，观众无法对放映进行干预，也无法修改演示文稿。

2. 放映时笔触的使用

幻灯片在放映过程中，用画笔标注特殊地方，观看者就会看得更直观，更容易理解，这时就需要放映时使用画笔的笔触。可以直接在图 5.71 的"设置放映方式"对话框中选"绘图笔颜色"和"激光笔颜色"。还可以选择"幻灯片放映"，然后单击"从头开始"或"从当前幻灯片开始"；在放映面上，点击鼠标右键，选择"指针选项"，然后选择需要的笔型。

如果在放映的幻灯片上使用了笔触，播放完幻灯片，按 Esc 键退出放映或点击鼠标右键选择"结束放映"时，会出现"是否保存墨迹"对话框，可以选择"保留"或"放弃"。"保留"则把画笔画出的东西保存到原幻灯片中，"放弃"则不保存。当不再需要这些标记的时候，点击鼠标右键，选择"指针选项"，然后选择"橡皮擦"或"擦除幻灯片上的所有墨迹"。当不需要使用画笔时，在幻灯片播放界面，点击鼠标右键，选择"指针选项"，然后选择"箭头选项"的"自动"。

3. 放映幻灯片的选择

"放映幻灯片"对话框中，可以选择待放映的幻灯片，有全部、部分和自定义放映三种选择。部分放映时，选择开始和结束的幻灯片的编号，即可定义放映某一部分幻灯片。自定义放映，需要先在"自定义放映"选项中，选择演示文稿中某些幻灯片，以某种顺序组成新的演示文稿，以一个自定义放映名命名。然后在"自定义放映"框中选择自定义的演示文稿。单击"确定"按钮，此时只放映选定的自定义的演示文稿。

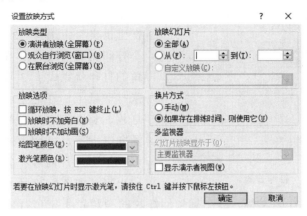

图 5.71　"设置放映方式"对话框

　　"定义自定义放映"对话框如图 5.72 所示，在"幻灯片放映"选项卡下的"开始放映幻灯片"组中单击"自定义幻灯片放映"下三角按钮，即可弹出。单击"新建"按钮，弹出"定义自定义放映"对话框，把希望放映的幻灯片按顺序添加到"在自定义放映中的幻灯片"列表框中。

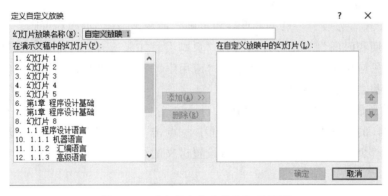

图 5.72　"定义自定义放映"对话框

5.5.2　排练计时

　　在"设置放映方式"对话框中，"换片方式"可以选择人工手动换片或按设定的排练时间换片。如何设置演示文稿自动放映，有一项"如果存在排练时间，则使用它"就是自动放映选项，点击勾选；幻灯片放映方式设置完毕，点击"排练计时"选项，在排练放映的时候，可以在计时框看到排练时间，也就是幻灯片的播放时间。幻灯片放映完毕，在弹出是否保留排练时间对话框，点击"确定"进行保存。此时幻灯片自动放映设置完毕，点击左上角"播放幻灯片"，就可以查看效果。

5.6　演示文稿打印

　　打印演示文稿文档，在"文件"选项卡，找到"打印"命令，点击进去，即可以进行

图 5.73　打印设置

打印设置。例如：进入打印设置，在"整页幻灯片"处点击一下，这时弹出选项，在"讲义"中选择"3 张幻灯片"，即在一个打印页面中放置 3 张幻灯片，点击左上角的打印就完成了 3 张幻灯片打印在了一张打印纸上。在这里可以设置打印全部幻灯片、整页幻灯片、单双面打印、排序、横向纵向等。打印版式选择"备注页"就可以把幻灯片内容和备注页的内容一起打印出来，如图 5.73 所示。

采用讲义的形式打印文稿，会在每张幻灯片的旁边留下空白行供观众记下备注。打印讲义的方法是点击"视图"选项卡，单击"讲义母版"；设置母板的样式，如"幻灯片方向""讲义方向""每页幻灯片的数量"等；如果需要在幻灯片中打印上"日期"和"页码"则勾选相应的小方框，打印"日期"的位置也可以在母版中进行相应的调整，调整完毕后选择"关闭母版视图"；然后点击"文件"菜单中的"打印"，完成讲义的打印。

5.6.1　幻灯片的页眉、页脚、编号的设置

打开 "插入"选项卡，点击"页眉和页脚"命令， 在"页眉和页脚"（图 5.74）中可以勾选"日期和时间""幻灯片编号""页脚"。如果所有幻灯片都添加就点击"全部应用"，如果只应用于当前幻灯片就点击"应用"。设置完以后，不管在放映还是在预览幻灯片，底部都会有页码和时间显示。

5.6.2　讲义的页眉、页脚、编号的设置

在图 5.74 的"页眉和页脚"对话框中，点击"备注和讲义"，勾选"日期和时间""页眉""页码""页脚"，就可以设置讲义的页眉、页脚、编号（图 5.75）。

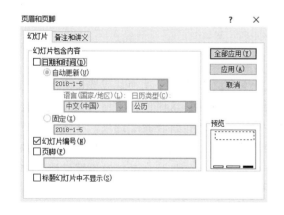

图 5.74　幻灯片页眉和页脚的设置

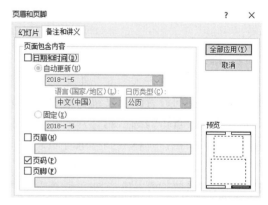

图 5.75　讲义的页眉和页脚设置

设置完"备注与讲义"后，在"视图"选项卡，点击"备注页"就可以看到备注页的页眉和页脚了，如图 5.76 所示。

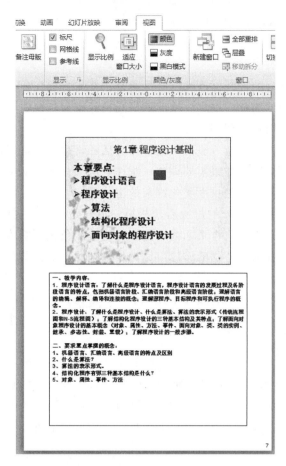

图 5.76　备注页的页眉和页脚

5.7　PPT 的 设 计 思 路

　　了解了 PPT 的主要选项卡的功能和实现方法，就好比是有了画图的画笔和画纸，怎样画出好的作品并不仅仅是有了纸和笔就可以，而是画作的设计和实现。本节将介绍完成一个及格线以上的作品要怎么开始，遵循哪些规则。掌握这些基本规则之后，就可以在理论学习和动手实践的循环往复中慢慢修炼自己的 PPT 高手之路了。

5.7.1　设计 PPT 的工作模式

　　1. 工作步骤

　　根据多类用户的使用经验，设计 PPT 的工作流程大致包括以下六个步骤：

　　（1）明确 PPT 的使用场合、时间限制、演讲者、听众，最主要的是演讲的内容。如果制作者对这些问题已经有了清晰的答案，这一个步骤可以忽略，大部分自己演讲的 PPT 制作者都明了这些。但是当制作者为客户、领导或者其他人制作时就需要询问清楚。

　　（2）对演讲内容做好总体结构安排。就像写一本书先构思好目录，制作者要心里有数。如果内容较多，可以借助思维导图工具（思维导图是一种将思维形象化的方法，把各级主题的关系用相互隶属与相关的层级图表现出来），也可以手绘。

（3）选择或制作母版。制作者可以在母版中确定需要重复的部分，统一相似内容的格式。

（4）安排每页幻灯片的图片文字和音视频内容。从标题页，到目录页、内容页、结尾页，把每一页的文字精练简化。在这一步要根据亲密原则对信息进行分组，用对比原则强调本页幻灯片的重点，用对齐原则排版。

（5）修改母版。制作者在每一页加入演讲内容后，可以看到实际的效果与预想的是否一致，在统一的配色和构图上如果需要调整，制作者应该先在母版中对这些统一的内容优先调整，节约下一步对每个单独页面美化细节的工作量。

（6）美化细节。调整完统一的母版后，从第一页开始一页一页地检查幻灯片的效果，精细化每一页的内容。首先要检查页面内容是否有违反配色构图基本原则的地方；其次检查是否有需要为本页内容加入特别的构思，比如加入动画、更换背景等。

2. 基本原则

在 PPT 设计与制作行业，有很多专业团队和个人总结出了设计学上的宝贵经验，这里介绍一下 PPT 设计的四个基本原则。如果在制作母版和修饰细节时遵循这些设计原则，PPT 能更加整洁、高效。

四个基本原则是美国著名设计师和技术专家 Robin Williams 凝练的，包括亲密性（contrast）、对齐（alignment）、对比（proximity）和重复（repetition）。

（1）亲密性。亲密性指的是把彼此相关的项目组织在一起。在一个页面上，如果多个项目存在很近的亲密性，把它们放在靠近的位置，它们就会成为一个视觉单元，位置接近就意味存在着关联。

例如：图 5.77 展示本章节前半部分目录，画面显得拥挤，第一眼看不到重点，每个条目都是孤立元素。

修改后，把同一节的内容靠近，不同节之间增加间距，每一节的内容相对于标题行缩进，这样标题和内容就区别开了，如图 5.78 所示。

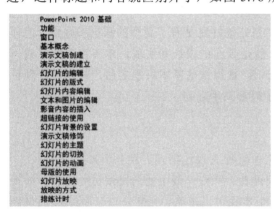

图 5.77　目录展示

图 5.78　修改后的目录展示

（2）对齐。对齐指的是每个元素都应当与页面上的另一个元素有某种视觉联系。即使对齐的元素是分隔开的，但元素之间会通过看不见的线连接起来，从而在视觉效果上通过隐形线连接的对齐对象被看为一组元素，这些隐形线可以是直线或规则的曲线。

例如：图 5.79 给出一本书的封面，所有文本块都是居中对齐，可以感觉到一条看不见的隐形线在画面正中间，画面运用了亲密性原则上下两部分分开了，字体设计上运用了对比原则。画面中规中矩。

修改后，如图 5.80 所示，应用了左对齐和右对齐，看不见的隐形线是上下左右的四条边框，增加了重复原则，把书名和作者名用同样的加黑，书名和作者因为重复的字体被看作一个整体，这样的结构相对于图 5.79 更有设计感。

图 5.79　封面显示　　　　　　　　　　图 5.80　修改后封面显示

（3）对比。对比是设计者希望增加视觉效果来吸引读者最有效的途径之一，其中一个重要的原则就是对比一定要强烈，才能达到截然不同的结果。采用对比的方式有很多种，例如字体的大小、粗细、风格、颜色的冷色调和暖色调、水平排列和垂直排列或者倾斜的排列，间隔的宽窄，图像的大小、风格（包括局部放大、加滤镜、虚化、局部遮盖）。

对于上一个书的封面的例子，在使用了对齐原则后，再使用对比原则，用反白的方法来突出书的题目，如图 5.81 所示。

（4）重复。重复指的是让某类视觉要素在整个作品中重复，能够实现整个 PPT 风格的统一，包括统一颜色方案、字体字号、文本行距、项目符号、图表风格、对齐方式、图片风格等。重复的元素可以创制一种连续性，具有重复元素的内容即使分散在很多页 PPT 中，也会被看作一个整体。

例如，图 5.82 是一个计算机网络课程 PPT 的封面、内容页和结束页，都采用了同一个背景图片，但是封面和结束页使用蒙版和抠图，内容页使用了裁剪和单个的 Wi-Fi 图标。

在实际操作过程中，这 4 个基本原则往往是一起使用的。熟练掌握原则后可以通过打破规则实现很多创新的方式。

图 5.81　使用对比原则的封面显示

| （a）封面 | （b）内容页 | （c）结束页 |

图 5.82　计算机网络课程 PPT

5.7.2　设计技巧

1．简单而实用的配色方法

（1）从 PPT 内容所属行业的标志性颜色中选择。例如，党政机关的内容通常选用红色、黄色相关的暖色调作为主色；通信、医药行业通常选用蓝色作为主色；节能减排相关的内容通常选用绿色。

（2）从 LOGO 中选。PPT 演讲者所属的企业或单位一般都有自己的 LOGO，从 LOGO 的颜色基调出发选择主色是常用的手法。

例如，根据图 5.83 的 LOGO，确定了紫色为 PPT 的主色，配色方案选为紫色、灰色、黄色，如图 5.84 所示。

（3）从经典的 PPT 商业网站或商业 PPT 模板的风格中选。现在网络上的网站非常多，可以多浏览一些和 PPT 内容相关的网站，选择一个自己喜欢的网站风格，很多网站制作得非常精美，除了配色可以学习借鉴，好网站的布局结构也可以学习。

图 5.83　北京建筑大学 LOGO

图 5.84　PPT 配色

（4）使用配色软件。网上可以搜索到很多专业的配色软件，可以进行颜色搭配。例如：ColorSchemer Studio 是一款强大的配色软件，无论在界面、配色、取色、预览的方面都很方便。软件的主要特色在于只需要设计者提供一种基色，就能快速找到与该颜色相关的色彩，提供设计灵感。

配色库 Color Book 将颜色搭配教程、配色方案大全、图片拾色器、颜色数值换算器等多个相关的内容整合到一个应用中。可以通过颜色、性格和场景的分类选择配色，还可以通过搜索关键词来寻找想要的颜色。

（5）使用配色网站。利用专业配色网站也是非常快捷的方式。例如：配色网是交流色彩的专业网站，为用户提供了大量优秀配色方案，同时还为色彩构成学习者提供免费资料进行色彩理论的学习。

2. 简单快捷地选择合适的字体

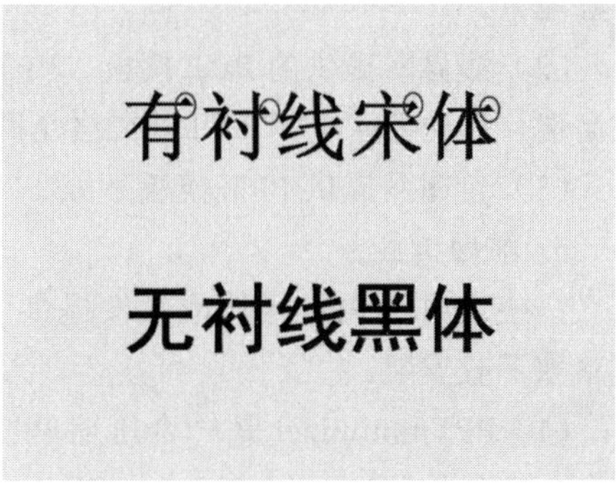

从字形上分析，字体分为有衬线和无衬线字体（图 5.85）。同一个文字，有衬线字体有着各种激凸和粗细不一的笔画，而无衬线字体笔画均匀。前者适合于高贵、优雅、复古的风格，后者适合于现代、简洁的风格。

图 5.85　有衬线和无衬线字体

除了自带的字体，网络上提供了很多可供下载的特殊字体。例如求字体网，看到其他作品中喜欢的字体，可以截图上传识别出字体。使用字体时，一张幻灯片最好不超过三种字体，标题和正文有对比反差。

下面介绍几种常用字体，这类字体也是各种正式工作汇报的首选字体，如图 5.86 所示。

图 5.86　常用字体

3. 快速寻找图片资源

（1）Bing 搜索引擎网站的国际版专门有 Image 图片搜索，它和百度等搜索引擎一起配合使用，是最大众的图片搜索方法。

（2）500px 社区用户非常多，很多人会分享精彩的照片。

（3）包图网有丰富的图像素材。

（4）pixabay.com、publicdomainarchive.com、freeimages.com、classroomclipart.com 是微软官网推荐的几个可以免费下载剪贴画、图片的网站，网站内容很丰富。

（5）pexels 提供很多高清图片。

（6）如果需要专门搜索图标，也可以在各大搜索引擎搜索图标网站。例如，阿里巴巴矢量图标库。

4. 快速寻找模板

（1）PPTOK 网站提供了大量优秀的 PPT 模板、课件、教程，是学习借鉴和搜索资源的好地方。

（2）演界网提供的 PPT 模板、PPT 作品、PPT 图片素材，以及专门的信息图表非常精致高端，特殊要求的用户可以在这个网站上购买和定制 PPT 作品。

（3）包图网提供 PPT 模板下载。

5. 辅助工具

一些有用的 PPT 插件或软件提供了特别的功能，对制作者来说非常实用，这些插件需要单独下载安装。

（1）PPTminimizer 是一个压缩 PPT 的软件，它专门压缩 Word 和 PPT 文件，压缩率非常高，常常达到 90% 以上。

（2）PHOTO ZOOM PRO 可以无损放大图片，专门用于把低分辨率的图片放大，但是图片不会因为放大而失真。

（3）islide 插件（www.islide.cc）包括了一键优化功能，将 PPT 中不规则的字体、段落、色彩、参考线布局、风格样式等一键化全局统一设置，构建专业和规范。还有主题库、色彩库、设计排版、智能图表等功能。

6. 布局

以下几种简单布局的版型可以直接套用，使用时替换上和 PPT 内容相关的背景、图标、图片、文本、标题。在其他的优秀作品中，同样可以借鉴其布局方案。

另外，有个关于布局设计的小窍门，大部分的逻辑关系都可以在 PPT 自带的 SmartArt 功能中找到对应的方法，替换背景图片可以有很丰富的效果。

（1）标题页的布局如图 5.87 所示。

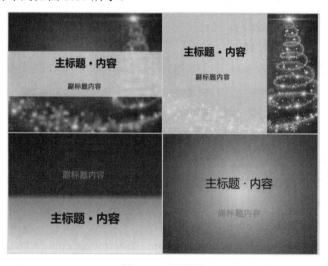

图 5.87　标题页

（2）目录页的布局如图 5.88 所示。

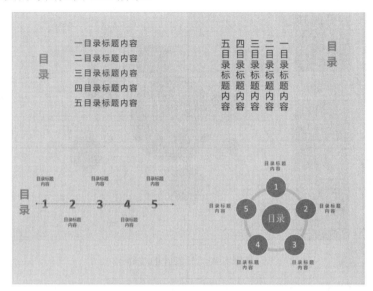

图 5.88　目录页

（3）内容页的布局如图 5.89 所示。

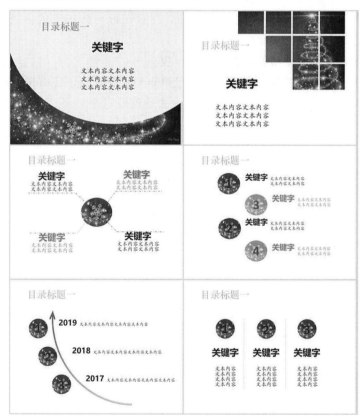

图 5.89　内容页

（4）标签式的布局如图 5.90 所示。

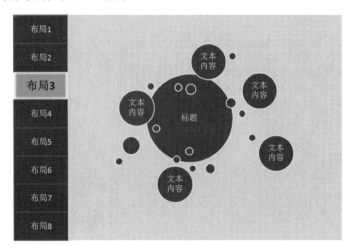

图 5.90　标签式的布局

7. 几点注意事项

（1）PPT 内容的逻辑一定要厘清，这是应该花最多精力的地方。包括内容中的因果关系、总分关系、相关关系、对比关系，都会用到不同的布局。

（2）在逻辑层次多、PPT 内容多的情况下，尽量在每一页 PPT 的标题栏给出导航，清楚是哪个大点的哪个小点。

（3）一个演示文稿中套用的模板风格要一致。

（4）和主题不贴切的图片不如不用。除了内容与主题贴切，还有风格也要匹配。

（5）慎重使用 PPT 动画和音效，避免看上去幼稚而冗余。

第6章 数据库基础

6.1 数据库概述

数据库技术自 20 世纪 60 年代中期开始发展起来,是计算机科学的重要组成部分。随着网络信息化的不断发展,数据库应用系统已经渗透到我们每天的日常生活中,例如,网上购物、学生选课、借阅图书、学籍管理等都需要通过数据库来查询和保存相应的信息,可以说数据库无处不在。因此,在这个快速的信息化时代,建立各种信息系统对各行各业来说都是至关重要的,而信息系统的作用就是对各种数据进行收集、存储、分类、计算、加工等管理工作,使用数据库技术能够快速有效地对数据进行管理。

Access 2010 是微软公司 Microsoft Office 2010 的成员之一,是一个小型的桌面数据库管理系统,操作简单,既可以通过界面操作完成简单数据处理,又可以通过编写 VBA 代码完成复杂数据处理。

本章首先介绍数据库及数据库管理系统的基本概念,然后介绍 Access 2010 的组成以及数据库的建立方法。

6.1.1 数据库的概念

1. 数据

数据是认知世界中各种信息的载体,通过文字、图形、声音等来描述客观存在的事物,包括事物的存在方式和运动状态。从计算机的角度来说,数据是那些能够被计算机处理的符号,是存储在数据库中的基本对象。

2. 数据处理

数据处理也称为信息处理,实际上就是利用计算机对各种类型的数据进行加工处理,包括对数据的收集、存储、分类、检索、维护、加工等一系列操作过程。

数据处理的中心问题就是数据管理,随着计算机技术的发展,数据管理经过了人工处理阶段、文件系统阶段和数据库系统阶段。

(1)人工处理阶段。在 20 世纪 50 年代中期以前,尽管已经开始使用计算机处理数据,但是由于没有能够存储大量数据的存储设备,也没有相应的软件能够管理数据,因此这个时期的计算机主要用于科学计算,而数据处理是通过人工进行的。这个阶段的程序与数据是一个整体,数据是由应用程序来管理的,因此应用程序既要设计数据之间的逻辑关系,还要考虑数据的存储结构、存取方法等,即需要同时考虑数据的逻辑结构和物理结构。一旦数据的结构发生变化,应用程序就必须相应改变,因此,这个时期的数据不具有独立性。同时,由于应用程序之间不能共享数据,一组数据只能对应一个程序,因此程序与程序之间有大量的冗余数据,具体处理方式如图 6.1 所示。

（2）文件系统阶段。随着计算机技术的不断发展和应用范围的扩大,出现了磁盘、磁鼓等直接存取硬件设备,而在操作系统中也出现了专门管理数据的软件,也就是文件系统。因此, 从 20 世纪 50 年代后期开始,数据处理进入了文件系统阶段。这个时期的数据组织成了文件,可以长期保存在存储设备上,反复进行查询、修改、插入和删除等操作,这使得计算机可以用来管理大量数据。这种数据文件脱离应用程序而存在,由文件系统来进行管理,应用程序对数据进行加工处理需要通过这个专门的软件来进行。与人工处理阶段相比较,数据与程序有了一定的独立性,然而, 由于文件之间并没有统一的结构,并且仍然是面对某一个特定的应用程序的,所以独立性较低,一旦应用程序或者数据的结构发生改变,都需要对文件进行修改。另外, 由于每个程序对应各自的文件,所以导致数据的共享性差,冗余度大,一致性差,并且浪费存储空间,具体处理方式如图 6.2 所示。

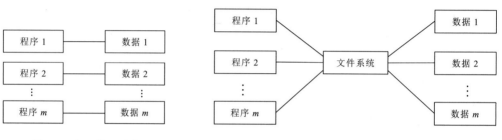

图 6.1 人工处理阶段   图 6.2 文件系统阶段

（3）数据库系统阶段。20 世纪 60 年代后期开始,计算机管理数据的规模逐渐壮大,应用范围也在扩大,并且已经出现了大容量的硬盘,为了满足多用户、多应用共享数据的需求,出现了数据库技术,它提供了一个专门的数据管理软件, 就是数据库管理系统（Database Management System,DBMS）。与文件系统阶段相比,数据库管理系统可以把数据整体结构化,对数据进行集中管理,并且能够被多个应用程序共享,大大减少了数据冗余,节省存储空间,避免了数据之间的不一致性。在这个阶段,应用程序与数据完全独立,数据的逻辑结构与物理结构、它们之间的映像以及逻辑结构与应用程序之间的映像转换,都由数据库管理系统完成,应用程序不必考虑这些细节,只需要考虑使用数据库中的哪些数据,以及如何使用等问题,具体处理方式如图 6.3 所示。

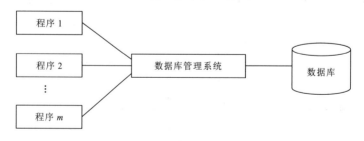

图 6.3 数据库系统阶段

3. 数据库

数据库（Database,DB）是指长期存放在计算机内的,按照一定方式组织起来的有联系的、可为多个用户共享的、独立的数据集合。数据库中存放了数据以及数据之间的关系。

4. 数据库系统

数据库系统（Database System，DBS）是指包含有数据库的计算机系统，一个完整的数据库系统除了要有数据库以外，还应该包括必要的硬件、软件和各类人员。其中，硬件主要指的就是运行数据库系统的计算机；软件主要包括数据库、数据库管理系统（及其开发工具）、数据库应用系统等；各类人员主要包括数据库管理员和用户。

5. 数据模型

数据模型是数据库系统的核心和基础。现实世界的事物需要抽象成信息世界，然后转换成机器世界才能够被计算机处理，这个过程需要建立相应的数据模型。数据模型一般包括数据结构、数据操作和完整性约束三个要素。根据应用目的的不同，可以分为概念数据模型、逻辑数据模型和物理数据模型三类。通常所说的数据模型是指逻辑数据模型。

（1）概念数据模型。概念数据模型是将现实世界抽象为信息世界，方便数据库人员与用户相互交流。在实际应用中，对数据库系统要实现的功能进行需求分析后，首先要建立概念模型。概念模型主要涉及以下几个概念。

1）实体：在现实世界中，客观存在并可以相互区分的事物统称为实体，包括具体事物和抽象事物，例如，一个用户、一样商品、用户一条购买记录等。

2）属性：一个实体可以包含多个属性，即实体所具有的特性，一个特性就是一个属性，例如，一个用户实体可以包括用户编号、用户类型、用户名、密码、真实姓名、性别、出生日期、积分等。属性的一个具体取值称为属性值，组合起来就是一个具体的实体。例如（10000001，普通，zm1990，123123，张明，男，1990-01-02，20）就是一个具体的用户信息。

3）域：每个属性的属性值都有一定的取值范围，这个范围称为属性的域。例如，性别的域为（男，女）。

4）实体型：用实体名及其属性名的集合来描述实体，称为实体型。例如，用户（用户编号，用户类型，用户名，密码，真实姓名，性别，出生日期，积分）就是一个实体型。而（10000001，zm1990，123123，张明，男，1990-01-02，20）是用户实体型的一个具体的实体。

5）实体集：同型实体的集合成为实体集，例如全体用户。

6）关键字（也称为键或者码）：能够唯一标识实体的属性或属性集叫作键。例如用户编号、商品编号等。

除上述概念以外，实体与实体之间还是有联系的，两个实体集之间的联系包括一对一、一对多、多对多三种。

一对一（1∶1）：如果对于实体集 A 中的每一个实体，实体集 B 中至多有一个实体与之联系，反之亦然，则称实体集 A 与实体集 B 具有一对一联系，记为 1∶1。例如，某网上购物系统中，如果一个管理员只能负责管理一种货物的入货出货信息，且一种货物也只能由一位管理员来管理，则管理员和货物类型之间就是一对一的关系。管理员与货物类型之间的关系如图 6.4 所示。

一对多（1∶n）：如果对于实体集 A 中的每一个实体，实体集 B 中有 n 个实体（$n \geqslant 0$）

与之联系，反之，对于实体集 B 中的每一个实体，实体集 A 中至多只有一个实体与之联系，则称实体集 A 与实体集 B 具有一对多联系，记为 $1:n$。例如，某网上购物系统中，一种货物类型可以有多样商品，而每样商品只属于一种类型，则货物类型和商品之间就是一对多的关系。货物类型和商品之间的关系如图 6.5 所示。

多对多（$m:n$）：如果对于实体集 A 中的每一个实体，实体集 B 中有 n 个实体（$n \geqslant 0$）与之联系；反之，对于实体集 B 中的每一个实体，实体集 A 中也有 m 个实体（$m \geqslant 0$）与之联系，则称实体集 A 与实体集 B 具有多对多联系，记为 $m:n$。例如，某网上购物系统中，一个用户可以购买多样商品，而每样商品可以被多个用户购买，则用户与商品之间就是多对多的关系。用户与商品之间的关系如图 6.6 所示。

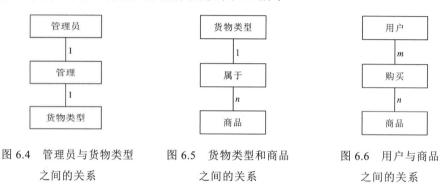

图 6.4　管理员与货物类型　　图 6.5　货物类型和商品　　图 6.6　用户与商品
　　　　之间的关系　　　　　　　　之间的关系　　　　　　　　之间的关系

实体之间的关系也可以有自己的属性，例如用户与商品之间的购买关系可以根据实际情况添加数量、日期、金额等属性。

（2）逻辑数据模型。概念数据模型建立之后需要转换成逻辑数据模型，以计算机实现的观点建模，不同的逻辑数据模型有不同的数据结构形式。常用的逻辑数据模型有层次模型、网状模型和关系模型三种。

1）层次模型。层次模型是用树形结构来描述实体以及实体之间的联系，这是最早出现的数据模型，可以用来描述一些现实世界中具有层次关系的实体以及它们之间的联系，例如一所医院的科室结构。层次模型有且只有一个没有双亲的结点，称之为根结点，而其他节点都有且只有一个双亲结点，因此这种结构只能描述一对多的实体关系。

2）网状模型。层次模型只能描述一对多的关系，然而现实世界中有很多非层次关系的实体间联系，网状模型则可以很直接地描述这种复杂的数据关系。网状模型允许多个结点没有父结点，也可以有多个父结点。

3）关系模型。关系模型是现在应用最广泛的一种数据模型，它是使用二维表格来描述数据之间的关系，由行和列组成，每个二维表格又称之为关系。表格中存放的是实体数据以及实体间的关系，表 6.1 给出了用户的关系模型，关系名是用户。

支持关系数据模型的数据库管理系统叫作关系数据库管理系统，所建立的数据库叫作关系数据库。

关系模型涉及以下几个概念。

关系：包含行和列的二维表格，即概念模型中的实体集，在数据库中存储为一张数据表，而二维表的表名就是关系的关系名。表 6.1 所示的用户表就是一个关系，关系名是用户。

表 6.1 用 户 表

用户编号	用户类型	用户名	密码	真实姓名	性别	出生日期	积分
10000001	普通	zm1990	123123	张明	男	1990-01-02	20
10000002	普通	lf1992	123456	刘芳	女	1992-02-08	10
10000003	普通	wxf1983	456789	王晓芳	女	1983-10-05	15
20000001	vip	zwq1978	156789	赵文强	男	1978-06-09	80
20000002	vip	lt1976	567891	李婷	女	1976-03-05	100

元组：二维表中的一行就是关系的一个元组，即概念模型中的实体，在数据库中对应为表中的一条记录。

属性：二维表中的一列就是关系的一个属性，即概念模型中的属性，在数据库中对应为表中的一个字段，属性名对应字段名。

域：属性的取值范围，与概念模型中的域意思相同。例如，性别的域为（男，女）。

分量：元组的一个属性值称之为分量，即概念模型中的属性值，在数据库中对应为一个数据项。

关系模式：使用关系名和属性名来描述关系结构的集合称之为关系模式，即概念模型中的实体型，表示为：关系名（属性名 1，属性名 2，属性名 3，…，属性名 n）。例如，用户（用户编号，用户类型，用户名，密码，真实姓名，性别，出生日期，积分）。

候选码（键）：能够唯一标识一个元组的属性或属性组称之为候选码，候选码除标识元组的必要属性或属性集以外不包含多余的属性或属性集。简言之，就是不会重复的属性或属性集。例如，用户表中，用户编码是不会重复的，可以唯一标识一个用户，则用户编码就是用户的一个候选键，而性别、生日等都是可以重复的，因此不能作为候选码。有时，一个属性不能唯一地标识一个元组，但是一个属性集可以唯一地标识一个元组，这时需要将这个属性集作为候选码。例如，在用户购买商品关系中，有用户编号、商品编号、数量、日期、金额等属性，由于每一个用户可以买多样商品，而每样商品也可以有多个用户来购买，因此，用户编号和商品编号都不能唯一地标识一个元组，但是假设每一个用户每样商品购买数量不限，但每样商品只能购买一次，则每个用户购买每样商品的记录就是唯一的，即用户编号和商品编号的属性集可以唯一地确定一个元组，那么这个属性集就是这个关系的候选码。

主码：一个表中若有多个候选码，可以指定其中一个为主码，如果只有一个候选码，则这个码就是主码，主码中的属性叫作主属性。例如，假设用户表中的用户名不能重复，则用户名也可以作为用户表的候选码，这时可以在用户编号和用户名中选择一个作为关系的主码。

外码：在关系模型中，为了描述实体之间的联系，通常在一个关系的属性集中添加另一个关系的主码，并且该属性不是这个关系的候选码，则称之为外码。简单来说，就是在一个关系中出现的"人家的"主码，就叫作外码。例如，用户购买商品关系中的商品编号不是该关系的主码，但是它是商品关系的主码，因此用户购买商品关系中的商品编号就是外码。

关系模型要求每个分量都是不可分的数据项，同一个关系中，列的次序可以任意交换，但不能出现相同的属性名，行的顺序也可以任意交换，但不能出现完全相同的元组。

概念模型建立之后，可以根据概念模型，设计出数据库的关系模型。概念模型中的每一个实体型转换为关系模型中的一个关系模式，实体的属性就是关系的属性；一对一的联系一般选择在任意一个关系模式的属性中添加另一个关系模式的码和关系本身的属性；一对多的联系一般选择在多的一端所对应的关系模式的属性中添加另一个关系模式的主码和关系本身的属性；多对多的联系，必须转换为一个关系模式，并将该联系两端的实体的码以及联系本身的属性作为关系的属性，各实体的码的组合就是这个关系的主码。

在关系数据库中，为保证数据的查询、插入、更新和删除能够正确进行，需要对关系进行完整性约束，包括实体完整性、参照完整性和用户自定义完整性三类约束。

实体完整性：在关系模型中，由于主码是唯一标识一个元组的属性或属性集，因此要求主码不能够为空，即关系模型中的主属性不能为空。

参照完整性：参照完整性约束是对外码的约束，要求外码必须为另一个关系的主码的有效值或者为空值。在实际应用中，有的数据库要求外码必须是另一个关系的主码的有效值，不能为空。

用户自定义完整性：不同的数据库系统应用于不同的环境，通常需要根据实际情况，设定一些特殊的约束条件。例如：密码不能为空，性别只能是男或者女，等等。

（3）物理数据模型。物理数据模型是从计算机的物理存储角度对数据建模，它反映了数据存储结构，包括数据的存储方式和存取方法，与数据库管理系统和操作系统有关。

6.1.2　数据库管理系统

数据库管理系统是数据库系统的核心，在数据库系统中实现对数据进行管理的软件系统，它是位于操作系统与用户之间的一层数据管理软件，属于系统软件，是数据库系统的重要组成部分。

1. 数据库管理系统的组成

一个数据库管理系统一般包括以下 4 个部分。

（1）数据定义及其翻译处理程序。数据库系统包括外模式、模式和内模式三级模式以及外模式/模式和模式/内模式两级映像。其中，外模式也叫用户模式，是部分数据的逻辑结构和特征的描述，是数据库用户的数据视图，一个数据库系统可以有多个外模式，不同的用户能够访问的数据不同。模式也叫作逻辑模式或概念模式，它是数据库中所有数据的逻辑结构和特征的描述，是所有用户的公共数据视图，一个数据库系统只有一个模式。内模式也叫存储模式，是数据库中数据物理结构和存储方式的描述，一个数据库系统只有一个内模式。

数据库管理系统提供数据定义语言（DDL）供用户定义数据库的三级模式和两级映像以及有关的约束条件等。DDL 定义了数据库的源外模式、源模式和源内模式，并且由相应的模式翻译程序将其转换为对应的目标外模式、目标模式和目标内模式内部标识。这些模式描述的是数据库的框架，而不是数据本身，存放在数据字典中，作为数据库管理系统存取和管理数据的基本依据。

（2）数据操纵语言机器编译程序。数据库管理系统提供数据操纵语言（DML）实现对数据库的检索、插入、修改、删除等基本操作。DML 分为宿主型和自主型两类。宿主型本身不能独立使用，必须嵌入主语言中。自主型是交互式命令语言，语法简单，可以独立使用。

（3）数据库运行控制程序。数据库管理系统提供系统运行控制程序负责数据库运行过程中的控制与管理，包括系统初启程序、文件读写与维护程序、事物管理程序等，它们在数据库运行过程中监视着对数据库的所有操作、控制管理数据库资源、处理多用户的并发操作等。

（4）实用程序。数据库管理系统提供一些实用程序，包括数据初始装入程序、数据库恢复程序、通信程序等。数据库用户可以利用这些实用程序完成数据库的建立与维护，以及数据格式的转换与通信。

2. 数据库管理系统的功能

数据库管理系统一般包括以下 6 个功能。

（1）数据定义功能。数据库管理系统提供数据定义语言（DDL），用户可以使用它来定义数据库中的数据表、视图等。

（2）数据操作功能。数据库管理系统提供数据操作功能，实现对数据库中数据的查询、插入、更新或删除的功能。

（3）数据库运行管理功能。数据库管理系统的核心部分是对数据库的运行管理，包括并发控制、安全性检查、数据库内部维护等。

（4）数据组织、存储和管理功能。数据库管理系统负责分门别类地组织、存储和管理数据库中的多种数据，包括数据字典、用户数据、存取路径等。

（5）数据库的建立和维护功能。数据库的建立和维护包括数据库初始数据的输入与数据转换、数据库的转储、重组织、分析等功能。

（6）数据通信接口功能。数据通信接口功能主要是提供与其他软件系统进行通信的功能。

6.1.3 数据库开发工具

数据库应用系统开发需要数据库管理系统和程序设计语言，下面简要介绍几种常用的数据库管理系统和程序设计语言。

1. Visual FoxPro

Visual FoxPro 简称 VFP，是微软公司推出的数据库开发软件，用它来开发数据库，既简单又方便。目前最新版为 Visual FoxPro 9.0，而在学校教学和教育部门考证中还依然沿用经典版的 Visual FoxPro 6.0。在桌面型数据库应用中，处理速度极快，是日常工作中的得力助手。

2. Access

Access 是在 Windows 环境下运行的桌面数据库管理系统。Access 的优点是可以不编写任何代码，直接通过可视化操作完成大部分数据管理任务，同时，也可以编写 VBA 代码实现复杂的数据库管理任务。Access 可以与其他数据库交换数据，还可以与其他办公软件进行数据交换，也可以在数据库中嵌入声音、图像等多媒体数据。

3. SQL Server

SQL Server 是微软公司提供的一种广泛应用的关系数据库管理系统，使用 Transact-SQL 语言完成数据操作。它是开放式的数据库管理系统，其他系统可以直接与它进行交互操作，方便实现数据库与应用程序的分离。

4. Visual C++

尽管 VFP 和 Access 可以直接开发数据库应用系统，但在实际应用中，为了实现更复杂的功能，通常需要与程序设计语言相结合，Visual C++就是一种常用的程序设计语言。

Microsoft Visual C++（简称 Visual C++、MSVC、VC++或 VC）是微软公司的 C++开发工具，具有集成开发环境，可提供编辑 C 语言、C++以及 C++/CLI 等编程语言。VC++集成了便利的除错工具，特别是集成了微软 Windows 视窗操作系统应用程序接口（Windows API）、三维动画 DirectX API、Microsoft .NET 框架。目前最新的版本是 Microsoft Visual C++ 2017。在 Visual C++7.0 以前 Visual C++各版本均独立存在，但从 7.0 版本开始，Visual C++与 Visual Basic、C#等语言一起集成于.NET 平台，并且改称为 Visual C++ 2002。

5. Visual Studio.NET

2002 年，微软推出第一款基于.NET 架构的开发工具 Visual Studio .NET。该架构将强大功能与新技术结合起来，用于构建具有视觉上引人注目的用户体验的应用程序，实现跨技术边界的无缝通信，并且能支持各种业务流程。后续版本的 Visual Studio 都继承了这种架构。

.NET Framework 主要由以下几部分组成：

（1）包括多种语言编译器：C++、C#、Visual Basic、F#等。

（2）框架类库（Framework Class Library，FCL）由很多相关互联的类库组成，支持 Windows 应用程序、Web 应用程序、Web 服务和数据访问等的开发。

（3）公共语言运行库（Common Language Runtime，CLR）是处于.NET Framework 的面向对象的引擎，其将各种语言编译器生成的中间代码编译为执行应用程序所需要的原生码。

6.2 Access 2010 数据库基础

Access 2010 是微软提供的一个操作系统支持下的关系型数据库管理系统，本节将以北京特产网上购物系统为例介绍数据库以及数据库的其他对象的建立方法。

6.2.1 数据库的组成

一个 Microsoft Access 2010 数据库文件的扩展名为.accdb。

1. 创建数据库

启动 Microsft Access 2010 后，点击"空数据库"（图 6.7），也可以根据需要选择下面的模板，然后点击右侧的文件夹按钮，选择保存的位置，并输入数据库文件的名称。本例中，数据库的名称叫作"北京特产网上购物系统"，保存在 D 盘上（注意文件的扩展名.accdb 不要删除），确认无误后点击"创建"按钮，此时，D 盘上就有了一个相应的数据库文件，后续操作均在这个数据库上完成，可直接打开文件使用。

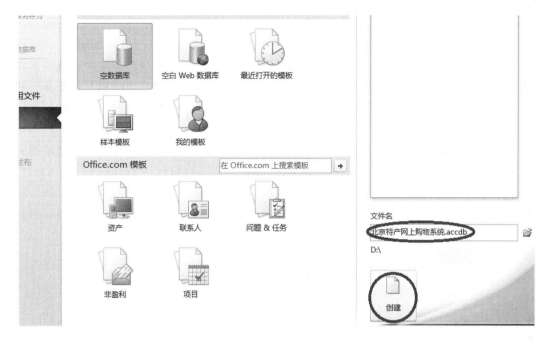

图 6.7　Access 数据库的建立

2. 数据库的对象

一个 Access 数据库除了包含基本的数据表之外，还包括查询、窗体、报表、宏和模块等对象，通过这些对象能够实现人机交互，以友好的界面呈现数据库中的信息，实现数据交互，本书主要介绍表、查询、窗体和报表的建立方法，其他对象的建立方法本书不做介绍。

（1）表。表是数据库中最基本的对象，只有建立了数据表才能建立其他的对象。一个数据库可以根据需要包含有多个数据表，并且为它们建立相应的关系，而数据库的核心就是数据表以及数据表之间的关系。例如，本书中的数据库可以包含"用户""商品"和"购物"三个基本数据表，并且通过"用户编号"和"商品编号"建立表之间的关联。

（2）查询。查询是由一个或多个表（或查询）中若干个字段以及符合某些条件的若干条记录组成，也可以用于分析和统计数据，查询的结果并不是生成一个新的数据表，只是数据表的一个视图，不会造成数据冗余。

（3）窗体。窗体是基于一个或多个表或查询建立的，供用户与数据库交互数据的界面，可以录入和编辑数据，还可以查看统计结果，可以显示数据库中的各种数据，包括图像、声音等。

（4）报表。报表的数据源同样可以是一个或多个表或查询，它主要是对数据进行统计计算，然后通过屏幕或者打印机输出。

（5）宏。宏是一系列命令的集合，可以自动执行某些重复工作，例如打开窗体、保存记录等。Access 中提供了大量常用的宏命令，也可以自行定义宏命令。

（6）模块。模块是一个用 VBA 语言编写的独立程序，可以实现一些复杂的功能，比如用户登录。

3. 数据库的窗口

Access 2010 窗口与其他的 Office 应用程序一样，如图 6.8 所示，上方是功能区，替代了以往的菜单和工具栏，提供了 Access 2010 的主要功能。功能区分为固定命令选项卡和动态命令选项卡，固定命令选项卡包括"开始""创建""外部数据""数据库工具"四个，动态命令选项卡是根据当前的活动对象动态显示，例如，创建表的时候就会显示表格工具的选项卡。

左侧是导航窗格，取代了以前的数据库窗口，在其中分类列出数据库中已经创建的所有对象，通过双击对象名称可以打开并编辑相应的对象。

右侧的主要区域就是数据库对象的编辑区域，Access 2010 主要采用选项卡式文档显示编辑区域，也可以在"文件"→"选项"里面修改使用类似以前版本的重叠式窗口显示。

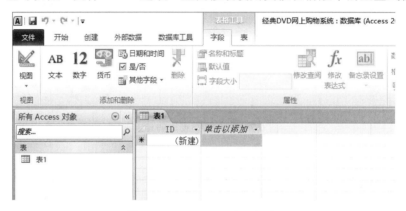

图 6.8　Access 2010 窗口组成

6.2.2　数据库的创建

数据库创建后，首先要创建数据表，然后以数据表为数据源创建查询、窗体和报表，而查询、窗体和报表也可以以已经创建好的查询为数据源。

1. 表的创建

一个数据表包括表名、字段和记录 3 个部分。其中，表名是表的唯一标识，表的名称要直观、简单并且体现表中数据的特点。

表中字段包括字段名、字段类型和字段属性 3 个部分。字段名不能以空格开头，可以包含字母、汉字、数字等符号，但不可以包括小数点、感叹号、方括号等。

（1）字段类型。字段类型是设计表结构的关键，表明了字段中存放数据的类型，Access 2010 中包括以下几种数据类型。

1）文本：文本类型是建立字段的默认类型，默认大小是 50 个字符，最长可以达到 255 个字符，可以保存纯文本，例如，"真实姓名"；可以保存文本和数字的混合，例如，"用户名"；还可以保存不需要用于计算的数字，例如，"用户编号"。

2）备注：由于文本类型数据只能存放 255 个字符，要存放更多的字符就需要使用备注型字段，最长可以输入 65536 个字符，例如，"描述"。

3）数字：数字型字段一般用于保存需要计算的数据，可根据需要在字段大小中设置具体的类型，包括单精度、双精度、字节型、整型、长整型等，不同的类型占的字节数不同，例如，"年龄""数量"等。

4）日期/时间：日期/时间型字段可以保存时间、日期以及日期和时间的混合，固定占8个字节，例如，"生日"。

5）货币：货币型字段主要用来存放类似"金额""单价"这样的数据，采用固定小数的方式存放，占 8 个字节。

6）自动编号：自动编号型字段一般用于主键，每添加一条记录，编号自动加 1，不能手动修改，因此在实际应用中不多。

7）是/否：是/否型字段的值为逻辑值，因此也称这类型数据为布尔型或逻辑型，值一般是"是/否""真/假"等，它用于存放一些只能二选一的数据，例如，"婚否"，有时性别也可以用"是/否"类型来存放。

8）OLE 对象：OLE 对象用于链接或嵌入各种对象，例如，文档、图像、声音等，其中，图像需要是 bmp 格式的才能在窗体中直接显示出来，其他格式的图像需要通过编写程序代码来显示。

9）超链接：超链接一般用于存放链接的地址，例如，"邮箱地址"等。

10）查阅向导：查阅向导是一种特殊的数据类型，如果某一个字段的值来自其他的表，或者是一组预先输入好的固定值，则可以将这个字段设置为查阅向导类型，在输入记录时，这个字段会提供一个列表框或者组合框供用户选择数据。

（2）字段属性。为字段指定数据类型之后，还需要设置相应的属性以完善表的结构设计，Access 中字段属性见表 6.2。

表 6.2　　　　　　　　　　　　　Access 2010 字段属性含义和用途

属　性	用　　　　途
字段大小	为文本型、数字型和自动编号类型字段指定字段大小。文本型字段默认大小是 50 个字符，最大可以达到 255 个字符。数字型字段大小可以设置为字节型、整型、长整型、单精度、双精度等
格式	为字段设置显示数据的格式，不同类型数据可设置的格式不同
输入掩码	用于规定用户输入数据的格式或模板，例如邮政编码
标题	在数据表视图中显示的名字
默认值	插入新记录时自动添加到该字段的默认数值
有效性规则	规定某个字段输入的规则，确保输入数据的准确性。例如，成绩应该在 0～100 之间，可以在规则中写入">=0 And <=100"
有效性文本	当用户输入错误时的提示信息
必需	是否允许出现空值
索引	有助于快速查找和排序记录

（3）创建数据表。在数据库中创建数据表有四种方法：使用表设计器创建表、直接输入数据创建表、使用向导创建表、从其他数据源（Excel、其他 Access 等）导入数据创建表，本节介绍如何使用表设计器的方式创建数据表。

打开 6.2.1 节创建的"北京特产网上购物系统"数据库，创建"用户""商品"和"购物"三张数据表，数据表的结构分别见表 6.3、表 6.4 和表 6.5，表中索引列有文字注明的字段是表的主键，其中表 6.5 是"用户编号"和"商品编号"共同作为主键。

表 6.3   用 户 表 结 构

字段名称	数据类型	字段大小	小数位数	索引
用户编号	文本	8		有（无重复）
用户类型	文本	4		
用户名	文本	20		
密码	文本	20		
真实姓名	文本	10		
性别	文本	2		
出生日期	日期/时间			
积分	数字	整型	0	

表 6.4   商 品 表 结 构

字段名称	数据类型	字段大小	小数位数	索引
商品编号	文本	8		有（无重复）
商品类型	文本	6		
商品名称	文本	30		
数量	数字	整型	0	
单价	货币		1	
点击率	数字	整型	0	
描述	备注			
图片	OLE 对象			

表 6.5   购 物 表 结 构

字段名称	数据类型	字段大小	小数位数	索引
用户编号	文本	8		
商品编号	文本	8		
购买日期	日期/时间			
数量	数字	整型		
金额	货币		2	

创建数据表结构的步骤如下：

1）首先点击"创建"选项卡，然后点击功能区上的"表设计"按钮，如图 6.9 所示。

图 6.9   "表设计"按钮

2）在表设计器中创建"用户"表结构，按照表 6.3 所示，设置相应的字段名称、数据类型，在下方的字段属性部分设置字段大小、小数位数等。

3）添加字段后，选中"用户编号"字段，并单击"主键"按钮，设置为"用户"表的主键，如图 6.10 所示。

4）单击最上方的"保存"按钮，输入表的名称"用户"。

图 6.10　表设计器及"用户"表结构

5）单击"视图"按钮下方的三角，点击"数据表视图"按钮，如图 6.11 所示。

图 6.11　"数据表视图"按钮

6）直接在数据表中输入表 6.1 所示的数据，如图 6.12 所示。

图 6.12　在数据表视图输入数据

7）输入数据时，也可以直接导入外部数据，或者将 Word 中的数据复制，粘贴到数据表中。例如，复制表 6.1 中的数据，在 Access 中，将鼠标移至星号的位置，点击，选中整个一行，然后在其上右击，选择"粘贴"，如图 6.13 所示。

8）系统弹出确认粘贴的对话框，点击"是"完成数据粘贴。

9）若要修改数据表，可以在导航窗格中，数据表的名称上右击，选择"设计视图"即可修改表结构，而双击数据表的名称可以打开数据表，修改、添加和删除表记录。

图 6.13 粘贴数据

10）重复上面步骤完成"商品"表和"购物"表的创建并输入相应的记录，表中部分记录见表 6.6 和表 6.7。

表 6.6   商 品 表

商品编号	商品类型	商品名称	数量/份	单价/（元/份）	点击率	描述	图片
10100030	小吃	豌豆黄	78	14.2	201	以豌豆为原料，浅黄色，甜食	
10100094	小吃	艾窝窝	95	18.2	216	糯米为皮，馅料以白糖、芝麻为主	
10100281	小吃	金糕	105	15.0	432	也叫京糕、山楂糕，以山楂为主料	
10200056	小吃	炒红果	35	24.3	115	主要成分是山楂，酸酸甜甜	
10400031	小吃	小豆凉糕	15	14.6	105	主要原料为红小豆	
20600338	酱菜	麻仁金丝	41	21.3	95	六必居经典酱菜	
20800349	酱菜	八宝酱菜	80	20.5	110	也叫酱八宝，八种蔬菜腌制	
30100578	点心	萨其玛	18	34.5	68	北京传统满族小吃	
30300444	点心	桂花夹沙方糕	39	18.5	128		
41500584	熟食	北京烤鸭	13	198.0	78		

表 6.7   购 物 表

用户编号	商品编号	购买日期	数量/份	金额/元
10000001	10100030	2016-09-10	1	14.20
10000001	10100281	2016-09-10	3	45.00
10000001	20800349	2016-11-05	10	205.00
10000003	30300444	2016-05-20	5	92.50
20000001	10100094	2017-07-15	10	182.00
20000001	10100281	2017-07-15	20	300.00
20000001	10200056	2017-07-15	2	48.60
20000001	20600338	2017-10-20	1	21.30
20000001	20800349	2017-07-15	5	102.50
20000001	30100578	2017-07-15	1	34.50

注意：创建购物表时，需要在表设计器中同时选中用户编号和商品编号两个字段，然后单击主键按钮。另外，数字和文本型数据都可以直接输入，图片需要先制作 bmp 格式的图片文件，然后在字段值上右击，选择"插入对象"，如图 6.14 所示。

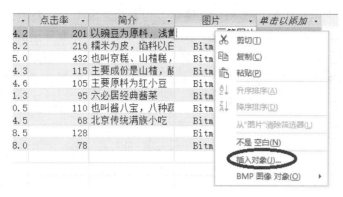

图 6.14　编辑图片字段

选择"由文件创建",点击"浏览"按钮,选择图片文件后,单击"确定"即可完成图片字段的编辑,如图 6.15 所示。

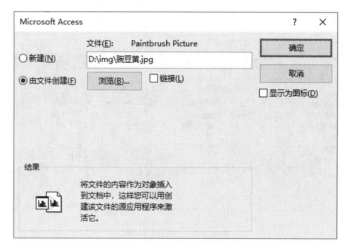

图 6.15　插入图片对话框

(4) 创建数据表关系。

1) 关闭数据表,单击"数据库工具"选项卡,在"关系"组中,单击"关系"按钮,如图 6.16 所示。

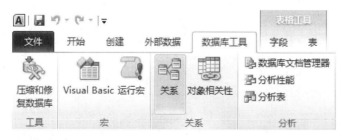

图 6.16　"关系"按钮

2) 在"关系"窗口中,会自动弹出"显示表"对话框,在对话框中双击"用户""商品"和"购物"三个表名,将表添加到"关系"窗口中,如图 6.17 所示。

3）根据前面表结构中的主键和外键说明，为表建立表关系，将"商品"表中的"商品编号"字段，拖动到"购物"表中的"商品编号"字段上，在弹出的"编辑关系"对话框中，勾选"实施参照完整性""级联更新相关字段"和"级联删除相关字段"三个复选框，然后单击"创建"按钮，完成关系创建，如图 6.18 所示。同样方法为"用户"表和"购物"表创建关系，完成效果如图 6.19 所示。

图 6.17　"显示表"对话框

图 6.18　"编辑关系"对话框

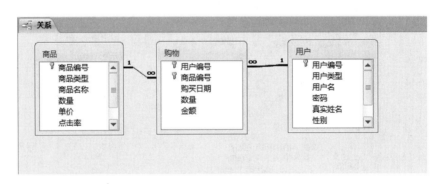

图 6.19　"关系"窗口

4）如果要修改两个表之间的关系，可以右击两个表之间的连线，选择"编辑关系"即可打开"编辑关系"对话框。完成表关系创建后，在导航窗格中，双击"商品"表，在表视图中可以看到每条记录前有一个"+"号，点击它即可看到每样商品被购买的情况，表明"商品"表和"购物表"已经建立了关联，如图 6.20 所示。

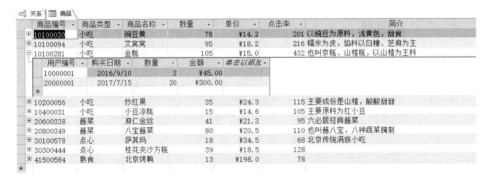

图 6.20　建立表关联后的表视图

2. 查询的创建

Access 2010 中创建查询的方法有使用查询向导、使用查询设计器、使用 SQL 语句 3 种。

（1）使用查询向导创建查询。单击"创建"选项卡，在"查询"组中，单击"查询向导"按钮，选择"简单查询向导"，打开"简单查询向导"对话框，如图 6.21 所示。首先在下拉列表框中选择查询需要的表，然后在"可用字段"下的列表框中选择需要的字段，单击"＞"按钮，添加到右侧的列表中，然后单击"下一步"，输入查询名称，单击"完成"按钮，即可看到查询结果。

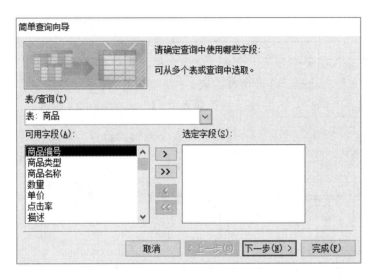

图 6.21　"简单查询向导"对话框

（2）使用查询设计器创建查询。单击"创建"选项卡，在"查询"组中，单击"查询设计"按钮，打开查询设计视图，在"显示表"对话框中双击所需的数据表，添加到查询设计器中，例如，查询用户购买商品数量大于 1 的用户名、商品名称、数量和金额信息并按照数量降序排序，根据数据表的设计可以知道，这些信息来自"用户""商品"和"购物"3 张数据表，因此需要将此 3 张表添加到查询设计器中，如图 6.22 所示。

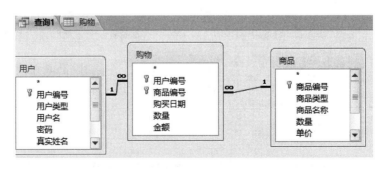

图 6.22　在"查询设计器"中添加数据表

在设计器的下半部分选择需要显示的字段、查询的条件等，设计器中各项内容见表 6.8。

表 6.8   表设计器各项内容说明

名 称	说 明
字段	需要显示或者条件中包含的字段
表	字段所在的表或查询
排序	排序的方式，包括升序和降序两种，可以不设置
显示	是否显示在查询结果中
条件	查询的条件表达式
或	条件表达式，行与行之间是"或"的关系

本例需要在查询结果中显示用户名、商品名称、数量和金额，因此在字段中选择对应的字段名称，下方会自动显示字段所在的表，不需要设置。单击"数量"字段列的排序行，点开下拉列表选择"降序"，并在条件行输入">1"，如图 6.23 所示。

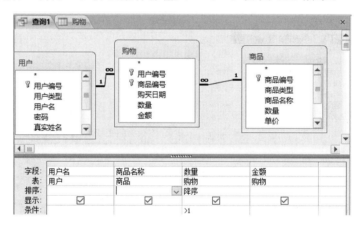

图 6.23   "查询设计"视图

单击"设计"选项卡，在"结果"组中，单击"运行"按钮，即图 6.24 中的叹号，运行结果如图 6.25 所示，确认无误后单击"保存"按钮，输入查询名称"购物信息"后，单击"确定"按钮。

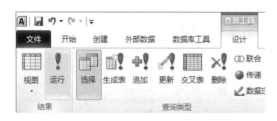

图 6.24   "运行"按钮

图 6.25   查询结果

（3）使用 SQL 语句创建查询。在查询设计器中单击"视图"按钮下的三角选择"SQL视图"，即可通过编辑 SQL 语句来创建查询。

数据库查询是数据库的核心操作。SQL 语言提供了 SELECT 语句进行数据库的查询，该语句具有灵活的使用方式和丰富的功能。其一般格式为：

SELECT　[ALL|DISTINCT]<*或字段表达式>[,<字段表达式>]...

FROM　<表名或查询名>[,<表名或查询名>]...

[WHERE <条件表达式>]

[GROUP BY <字段 1>[HAVING <条件表达式>]]

[ORDER BY <字段 2>[ASC|DESC]]

SELECT 语句的作用是，根据 WHERE 子句的条件表达式，从 FROM 子句指定的基本表或查询中找出满足条件的记录，再按字段表达式指定的字段形成查询结果表。ALL 表示选择所有满足条件的记录，DISTINCT 表示忽略重复数据。GROUP BY 子句表示将结果按指定字段分组，字段值相同的为一组，每组取一条记录，通常会使用集合函数，可以带 HAVING 短语，给出分组须满足的条件，HAVING 短语必须跟 GROUP 子句一起使用。ORDER BY 子句用于对结果按指定字段进行排序，ASC 表示升序，DESC 表示降序。下面将通过一些例题来说明 SELECT 语句的使用方法。

【例 6.1】 查询全体用户的信息。

分析： 将表中的所有列都选出来，可以有两种方法。一种方法就是在 SELECT 关键字后面列出所有列名。另一种方法就是如果列的显示顺序与其在表中的顺序相同，可以用*号代替字段表达式。

方法一：

SELECT 用户编号, 用户类型, 用户名, 密码, 真实姓名, 性别, 出生日期, 积分

FROM 用户

方法二：

SELECT　*

FROM 用户

【例 6.2】 查询用户的用户编号、用户姓名、真实姓名、性别。

分析： 要查询指定的列，可以在 SELECT 子句的字段表达式中指定要查询的属性。

SQL 语句：

SELECT 用户编号, 用户姓名, 真实姓名, 性别

FROM 用户

【例 6.3】 查询所有被购买过的商品的商品编号。

分析： 由于每样商品可以被多个用户购买，所以"购物"表中同样的商品编号会出现多次，当结果集只显示商品编号时就会出现许多重复行，要去掉重复行，需要在商品编号前添加 DISTINCT 短语。

SQL 语句：

SELECT DISTINCT 商品编号

FROM 购物

【例 6.4】 查询所有用户的用户名和年龄。

分析：由于用户表中没有年龄字段，只有生日字段，所以需要通过使用函数和计算得到，本例需要使用到 DATE 函数获得当前系统日期，与生日相减后得到两个日期的差，按照一年 365 天来计算，用这个差值除以 365 并且取整（使用 INT 函数）即可得到年龄。

SQL 语句：

SELECT 用户名, INT（（DATE（）-生日）/365

FROM 用户

【例 6.5】 查询用户积分在 20（含）以上的用户信息。

分析：要查询满足指定条件的记录需要通过在 WHERE 子句中添加条件来实现，条件可以有一个或多个，可以是比较、确定范围、集合、字符匹配和空值，本例涉及比较运算，常用的比较运算符有=、>、<、>=、<=、!=（或<>）以及 NOT+上述比较运算符。

SQL 语句：

SELECT *

FROM 用户

WHERE 积分>=20

【例 6.6】 查询单价在 25～50 的商品编号、商品名称和单价。

分析：要查找属性值在（或不在）指定范围内的元组，可以使用 BETWEEN…AND…和 NOT BETWEEN…AND…短语，包含边界两端的值。

SQL 语句：

SELECT 商品编号, 商品名称, 单价

FROM 商品

WHERE 单价 BETWEEN 25 AND 50

【例 6.7】 查询商品类型为小吃、酱菜和点心的商品名称、数量、单价和点击率。

分析：要查询属性值属于（或不属于）指定集合的元组，可以使用 IN 和 NOT IN 短语。

SQL 语句：

SELECT 商品名称, 数量, 单价, 点击率

FROM 商品

WHERE 商品类型 IN （'小吃', '酱菜', '点心'）

【例 6.8】 查询真实姓名姓李的用户信息。

分析：要进行字符串匹配可以使用短语 LIKE 或 NOT LIKE，LIKE 后的字符串称为匹配字符串，匹配字符串中可以使用通配符，在 ACCESS 中，'?'表示任意一个字符，'*'表示 0 个或多个字符。

SQL 语句：

SELECT *

FROM 用户

WHERE 真实姓名 LIKE '李*'

【例 6.9】 查询积分为空的用户编号和用户名。

分析：要判断某个值是否为空可以使用 IS NULL 和 IS NOT NULL 短语。

SQL 语句：

SELECT 用户编号，用户名

FROM 用户

WHERE 积分   IS NULL

【例 6.10】 查询小吃中点击率超过 150 的商品编号、商品名称和点击率。

分析：本题查询包括两个条件，一个是商品类型为小吃，一个是点击率超过 150，因此需要使用逻辑运算符来连接，有多个查询条件时可以使用 AND 和 OR 来联结，AND 表示两个查询条件是并且的关系，结果集中的记录必须同时满足几个条件，OR 表示两个查询条件是或者的关系，结果集中的记录满足其中一个条件即可。

SQL 语句：

SELECT 商品编号，商品名称，点击率

FROM 商品

WHERE 商品类型='小吃'   AND   点击率>150

【例 6.11】 查询购买数量超过 5 种或者金额超过 100 元的购买记录。

分析：两个条件是或者的关系，因此需要使用 OR 运算符来连接两个条件。

SQL 语句：

SELECT *

FROM 购物

WHERE 数量>5   OR   金额>100

【例 6.12】 查询商品的商品编号、商品名称和点击率，查询结果按照点击率降序排序。

分析：如果没有指定查询结果的显示顺序，一般 DBMS 会按其最方便的顺序输出结果。用户可以使用 ORDER BY 子句指定按照一个或多个属性进行排序，每个属性后跟排序的方式，不指定排序的方式，则默认是升序排序，ASC 表示升序，DESC 表示降序。

SQL 语句：

SELECT 商品编号，商品名称，点击率

FROM 商品

ORDER BY 点击率   DESC

【例 6.13】 查询统计购物表中的购物记录数和购物金额的总计。

分析：SQL 提供了许多集函数来完成统计功能，包括：

COUNT（*）：统计元组个数。

COUNT（<列名>）：统计某列中值的个数。

SUM（<列名>）：计算某列值的总和。

AVG（<列名>）：计算某列值的平均值。

MAX（<列名>）：求某列值的最大值。

MIN（<列名>）：求某列值的最小值。

SQL 语句：

SELECT   COUNT（*），SUM（金额）

FROM 购物

【例 6.14】　查询商品点击率的最大值、最小值和平均值。

分析：最大值使用 MAX 函数，最小值使用 MIN 函数，平均值使用 AVG 函数。

SQL 语句：

SELECT MAX（点击率），MIN（点击率），AVG（点击率）

FROM　商品

【例 6.15】　查询统计每种商品编号的购买人数。

分析：查询结果要求分别统计每种商品的购买人数，因此需要使用 GROUP BY 子句对记录集进行分组，使集函数作用于每个组，每个组一个函数值，否则集函数将作用于整个查询结果。

SQL 语句：

SELECT　商品编号，COUNT（用户编号）

FROM　购物

GROUP BY　商品编号

【例 6.16】　查询购买了 3 种以上商品的用户编号。

分析：本例首先使用 GROUP BY 按照用户编号分组，然后使用 COUNT 函数统计每个用户购买的商品数量，最后使用 HAVING 子句挑选出数量值大于 3 的记录。HAVING 子句的作用与 WHERE 类似，但是 HAVING 只能作用于组，所以必须与 GROUP BY 一起使用。

SQL 语句：

SELECT　用户编号

FROM　购物

GROUP BY　用户编号

HAVING COUNT（*）>3

【例 6.17】　查询所有用户的用户编号、用户类型、用户名、购买的商品名称、单价及购买的数量和金额。

分析：本例要求查询出的字段来自用户、商品和购物 3 个表，因此需要用到连接操作。方法是在 FROM 中列出多个表名，用逗号隔开，并在 WHERE 子句中通过两个表的公共属性相等来建立连接。如果涉及两个以上的表，则需要用 AND 运算符连接多个等值条件。另外，如果两个表都包含查询所需的字段，需要在 SELECT 中指明字段的出处。

SQL 语句：

SELECT　用户.用户编号，用户类型，用户名，商品.商品名称，单价，购物.数量，金额

FROM　用户，商品，购物

WHERE　用户.用户编号=购物.用户编号，商品.商品编号=购物.商品编号

3. 窗体的创建

窗体是用户和数据库交互的接口，使用窗体可以很方便地对数据库进行维护，通过各种控件来显示数据库中的数据，也可以实现数据的添加、修改和删除操作。窗体中的数据可以来自多个表或查询，并与函数、过程等 VBA 模块相结合，实现一些复杂功能。Access 提供了多种创建窗体的方法，例如，窗体向导、窗体设计器、导航窗体等。本节将简单介绍窗体向导和窗体设计器两种创建窗体的方法。

（1）使用"窗体向导"创建窗体。

1）单击"创建"选项卡，在"窗体"组中单击"窗体向导"按钮，如图 6.26 所示。

2）在"窗体向导"对话框中，选择需要的数据表及其字段，例如，选择"商品"表，单击中间的">>"按钮，选中全部字段，然后单击"下一步"按钮，如图 6.27 所示。如果数据源是多个表，可以继续选择表和相应字段。

图 6.26　"窗体向导"按钮

3）选择"窗体布局"，例如，纵栏表，然后单击"下一步"按钮，如图 6.28 所示。

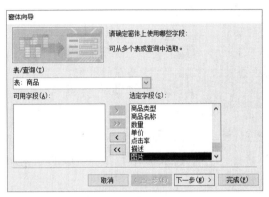

图 6.27　选定表和字段

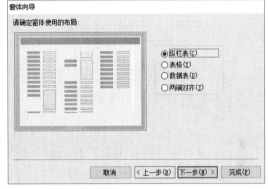

图 6.28　选择窗体布局

4）输入窗体标题，然后单击"完成"按钮，如图 6.29 所示。

5）完成后的窗体如图 6.30 所示，如需编辑窗体控件，则点击"视图"按钮下的小三角，选择"设计视图"。

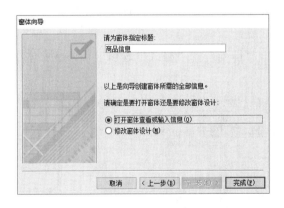

图 6.29　添加窗体标题

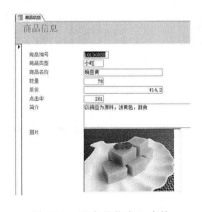

图 6.30　"商品信息"窗体

（2）使用"窗体设计器"创建窗体。

1）单击"创建"选项卡，在"窗体"组中单击"窗体设计"按钮，打开窗体设计器，如图 6.31 所示。

2）在图 6.31 所示的属性表中单击"记录源"后的"∨"按钮，选择某个表或查询作为数据源，例如，用户。

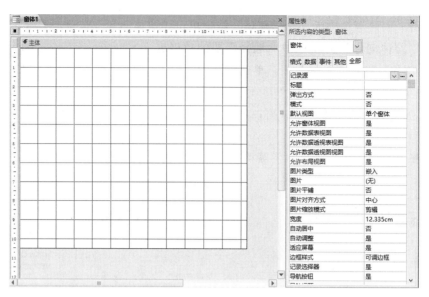

图 6.31　窗体设计器

3）单击"窗体设计工具"组中的"设计"选项卡，然后单击"工具"组中的"添加现有字段"选项卡，打开"字段列表"，如图 6.32 所示。

4）拖动"字段列表"中的字段到窗体上，自动生成显示字段名的标签以及和字段绑定的控件，即为窗体添加数据绑定控件，例如，将用户编号、用户类型、用户名、性别和积分添加到窗体，如图 6.33 所示。

5）根据需要，在"控件"组中选择相应的控件并添加到窗体中，并单击"属性表"按钮，为窗体和控件设置相应的属性。

6）可以单击"排列"和"格式"选项卡，调整窗体布局，美化窗体。

图 6.32　字段列表

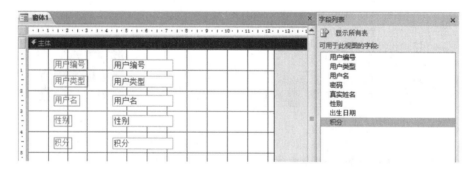

图 6.33　添加数据绑定控件

7）在"设计"选项卡中单击"视图"按钮，切换到"窗体视图"预览窗体效果。如无需更改，则单击"保存"按钮，输入窗体名称即可；如需修改则在视图中选择"设计视图"返回窗体设计器修改窗体。

4. 报表的创建

报表是用来查看和打印数据库中数据的最好方法，可以用来生成订单、邮件、财务报表、工资条等。

与窗体一样，可以使用报表向导和报表设计器两种方式创建报表，使用报表设计器创建报表的方法参考窗体设计，本节只介绍使用报表向导创建报表的方法。

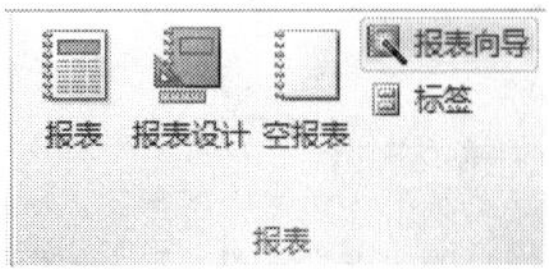

图 6.34 "报表向导"按钮

（1）单击"创建"选项卡，在"报表"组中单击"报表向导"按钮，如图 6.34 所示。

（2）在"窗体向导"对话框中，选择需要的数据表及其字段，例如，选择"购物信息"查询，单击中间的">>"按钮，选中全部字段，然后单击"下一步"按钮，如图 6.35 所示。如果数据源是多个表，可以继续选择表或查询和相应字段。

（3）如果数据源来自多个数据表或者查询，则需要确定通过哪个表查看数据，如图 6.36 所示，选择"通过 用户"，然后单击"下一步"按钮，如果数据源来自单表，则无此步骤。

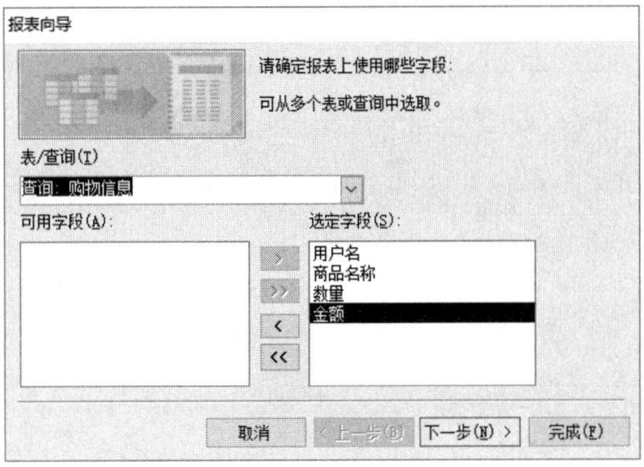

图 6.35 选择查询和字段

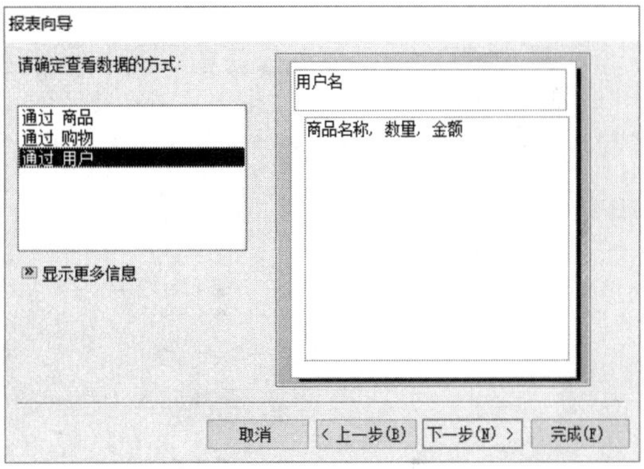

图 6.36 确定查看数据的方式

（4）确定是否添加分组级别，然后单击"下一步"按钮，如图 6.37 所示。

（5）在"报表向导"对话框，设置排序的字段和排序的顺序，例如，选择"商品名称"，然后单击"下一步"按钮，如图 6.38 所示。

图 6.37 添加分组级别

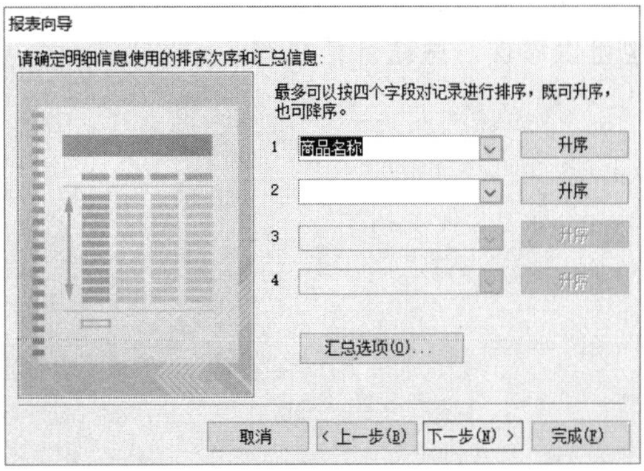

图 6.38 "报表向导"对话框

（6）确定报表的布局方式，然后单击"下一步"按钮，如图 6.39 所示。

（7）指定报表的标题，例如，输入"购物信息"，然后单击"完成"按钮，如图 6.40 所示，生成的报表如图 6.41 所示。

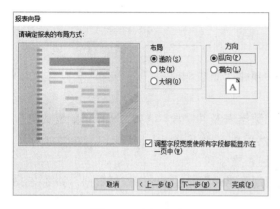

图 6.39　布局方式

图 6.40　输入报表标题

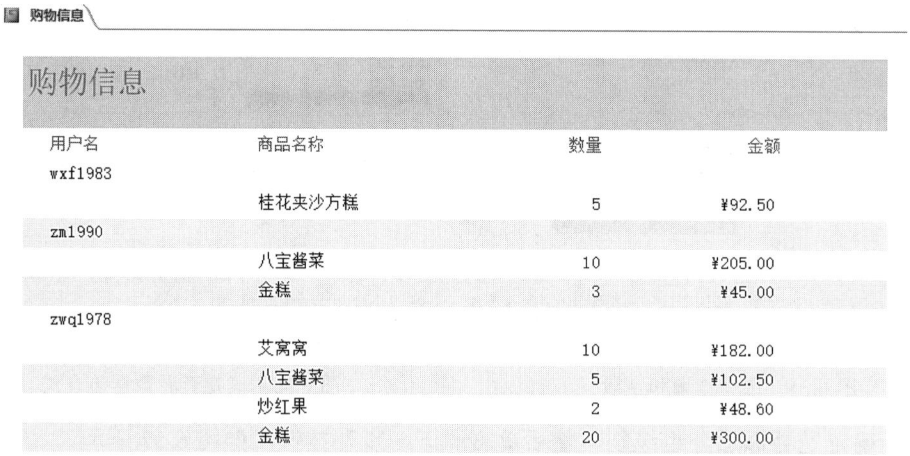

用户名	商品名称	数量	金额
购物信息			
wxf1983			
	桂花夹沙方糕	5	¥92.50
zm1990			
	八宝酱菜	10	¥205.00
	金糕	3	¥45.00
zwq1978			
	艾窝窝	10	¥182.00
	八宝酱菜	5	¥102.50
	炒红果	2	¥48.60
	金糕	20	¥300.00

图 6.41　"购物信息"报表

（8）如果需要编辑报表，则单击"关闭打印预览"按钮，可以调整控件大小、位置，也可以添加一些统计信息等。

第7章 多媒体基础

7.1 多媒体技术概述

多媒体是多种媒体的综合，一般包括文本、声音和图像等多种媒体形式。多媒体技术是以数字化为基础，利用计算机对文本、图形、图像、声音、动画、视频等多种媒体信息进行采集、编码、存储、传输、处理和表现，能够综合处理多种媒体信息并使之建立起有机的逻辑联系，集成为一个系统并具有良好交互性的技术。

多媒体技术的出现改善了人类的交流方式，人机交互形式使得人类的信息处理手段得到加强，以前无法自由收集和表达的信息通过高性能计算、高效的算法、高速的网络通信、大数据存储等方式得以实现。

了解和掌握多媒体技术已经成为社会发展过程中，人们必须掌握的技能之一。

7.1.1 多媒体概述

1. 多媒体信息的类型

多媒体信息有多种表现形式，主要分为以下几种，需要注意的是多媒体信息常常是用交叉、组合的形式呈现在用户面前。

（1）文本。文本是以文字和各种专用符号表达的信息形式，是最常用的一种媒体形式，各种书籍、文献、档案都是文本媒体。它主要用于对知识的描述性表示，如阐述概念、定义、原理和问题。在计算机中，一个数字、字母或符号占用一个字节的存储空间，一个汉字占用两个字节的存储空间。

（2）图像。图像是多媒体软件中最重要的信息表现形式之一，一般指静止的图像。从计算机存储的角度划分，包括矢量图形和位图图像两种。前者一般是几何图形，文件较小，放大缩小不影响图形质量；后者由像素构成，像素多少决定分辨率。

（3）声音。声音是人们用来传递信息、交流感情最方便、最熟悉的方式之一。在多媒体软件中，按其表达形式，可将声音分为讲解、音乐、效果三类。

（4）动画。动画是利用人的视觉暂留特性，快速播放一系列连续运动变化的图形图像，也包括画面的缩放、旋转、变换、淡入淡出等特殊效果。

（5）视频。视频具有时序性与丰富的信息内涵，常用于交待事物的发展过程。电影和电视在计算机中就是常见的视频文件。动画和视频都是建立在帧的基础上，原理相同。

2. 多媒体技术

多媒体技术是综合处理图、文、声、像信息，使之具有集成性和交互性的计算机技术。多媒体技术涉及面相当广泛，主要包括：

（1）音频技术：音频采样、音频数字化、压缩、语音处理、语音合成、语音识别。

（2）视频技术：视频数字化、视频编码。

（3）图像技术：图像处理、图像图形动态生成。

（4）图像压缩技术：图像压缩、动态视频压缩。

（5）通信技术：语音、视频、图像的传输。

（6）标准化：多媒体标准化。

3. 多媒体技术的特点

（1）集成性。由于信息媒体的多样性，多媒体技术能够集成文本、图形、图像、视频、语音等多种媒体信息于一体。对信息进行多通道统一获取、存储、组织与合成。

（2）交互性。交互性是多媒体技术应用有别于传统信息交流媒体的主要特点之一。传统信息交流媒体只能单向地、被动地传播信息，而多媒体技术则可以实现人对信息的主动选择和控制。人与机器、人与人及机器间能够互相交流。

（3）个性化。用户可以按照自己的需要、兴趣、任务要求、偏爱和认知特点来使用信息，通过交互操作从而更加有效地控制和使用信息。

（4）实时性。当用户给出操作命令时，相应的多媒体信息都能够得到实时控制。多媒体通信终端上显现的图像、声音和文字以同步方式工作。

4. 多媒体计算机

多媒体计算机是指性能优良、具有处理多种媒体信息能力的计算机。它的软硬件配置必须具有处理高质量图形、数字化立体声、动画及视频影像的功能；它的多媒体信息处理过程应该具有交互性；它的软硬件系统应是能够接收外部信息并由操作者进行控制的一个实时过程。

一般来说，多媒体计算机硬件系统主要包括功能强大的高速中央处理器、具有一定容量的存储空间、多媒体输入设备（如摄像机、麦克风、录音机、CD-ROM、扫描仪）、多媒体输出设备（如打印机、绘图仪、音响、电视机、录像机、投影仪）、多媒体功能的接口卡（如视频卡、声卡、图形加速卡、打印机接口、网络接口）。

7.1.2 多媒体信息处理技术

1. 多媒体数据的压缩和解压

（1）多媒体信息的表示。声音是空气传播的一种连续声波，在时间和幅度上都是连续变化的模拟信号，经过计算机处理成在时间和幅度上的离散信号，就是计算机存储的数字音频信息。模拟声音信号经过采样、量化、编码的过程变为数字声音信号。所谓采样就是在某个特定时刻对模拟信号进行测量；量化就是把信号幅度转换成有限个数值的组成；编码就是用预先规定的编码规则来表示大量复杂信息。

图形图像分为两类：一类是位图，另一类是矢量图。前者是以点阵形式的像素描述图像的，后者是以数学方法描述的一种由几何元素组成的图形。矢量图对图像的表达细致、真实，缩放后图像的分辨率不变。图形图像的色彩可用亮度、色调和饱和度来描述。亮度是用来表示某彩色光的明亮程度；色调反映颜色的种类，是决定颜色的基本特性，绝大多数颜色光可以分解成红、绿、蓝三种色光，也就是 RGB 三原色原理；饱和度是颜色的纯度，即颜色的深浅程度，对于同一色调的彩色光，饱和度越深颜色越鲜明。

视频按照处理方式不同分为模拟视频和数字视频。视频数字化就是将模拟视频信号经过模数转换和彩色空间变换成为计算机可以处理的数字信号，与音频信号数字化类似，计算机也要对输入的模拟视频信息进行采样和量化，然后经过编码使其变成数字视频。

动画就是通过以每秒 15～20 帧的速度顺序地播放静止图像以产生运动的错觉。因为眼睛能足够长时间地保留图像以允许大脑以连续的序列把帧连接起来，所以能够产生运动的错觉。我们可以通过在不同的时间点改变图像来生成简单的动画。

（2）压缩和解压的方法。数据压缩的实现就是对数据进行重新编码，它的理论基础是信息论。从信息论的角度看，压缩是通过消除信息中的冗余成分来减少数据量。例如，图像的数字编码是在保持解码后的图像质量等同于编码前的原图像质量的前提下，减少需要存储和传送的图像或视频数据。由于计算机处理的信息是以二进制数的形式表示的，因此压缩软件就是把二进制信息中相同的字符串以特殊字符标记来达到压缩的目的。所有的计算机文件都是以"1"和"0"的形式存储的，通过合理的数学算法，文件的体积都能够被大大压缩。

压缩分为有损压缩和无损压缩。无损压缩也称冗余度压缩，它利用数据的统计冗余进行压缩，这种压缩方法从数学上讲是一种可逆运算，还原后和压缩编码前的数据完全相同，不存在数据丢损的问题，但这种压缩方法由于受到数据统计冗余度的理论限制，无法得到比较大的压缩比。有损压缩方法也称信息量压缩，这种压缩方法利用人类视觉或者人类听觉对图像或声音中的某些频率成分不敏感的特性，从原始数据中将这一部分人类视觉或者人类听觉不敏感的数据去除，不能完全恢复原始数据，但是所损失的部分对理解原始图像或者倾听原始声音的影响较小，有较大的压缩比。有损压缩广泛应用于动画、声音和图像文件中，典型的代表就是影碟文件格式 MPEG、音乐文件格式 MP3 和图像文件格式 JPG。例如将 BMP 格式的位图图像文件转换成 JPG 格式图像文件的过程中，一般都是有损压缩。

压缩软件是利用压缩原理压缩数据的工具，压缩后所生成的文件称为压缩包，体积只有原来的几分之一甚至更小。使用压缩包中的数据，首先得用压缩软件把数据还原，这个过程称作解压缩。常见的压缩软件有 WinZIP、WinRAR 等。

（3）常见的多媒体数据格式。

1）图像文件常见的数据格式有以下几种。

- BMP：Bitmap 的缩写，是 Windows 系统下的标准位图格式，是 Windows 附件画图程序保存的默认文件格式。它包含丰富的图像信息，导致文件较大，可用于印刷。

- JPG（JPEG）：Joint Photographic Experts Group 的缩写，是应用最广泛的图片格式之一，经过大幅度地压缩后文件较小，便于在网络上传输，网页上大部分图片是这种格式。这种格式由于对图像进行了压缩，使得图像在细节和质量上产生了一定损失，所以适合普通图片浏览，不适合后期处理。

- GIF：Graphics Interchange Format 的缩写，仅支持 256 种颜色，色域较窄，文件压缩比不高。它分为动态 GIF 和静态 GIF，前者是将多幅图像保存为一个图像文件，达到动画效果，是常用的一种小动画方式。

- PSD：Photoshop Document 的缩写，PSD 是 Photoshop 中的标准文件格式，专门

为 Photoshop 而优化的格式。它能够保留照片处理中的图层，可转存成任何格式。

- PNG：Portable Network Graphics 的缩写，结合了 GIF 和 JPEG 的优点，图像大小比 JPEG 大。它能够保留丰富的图片细节，但不足以用作专业印刷。它是网页中常用的一种图像格式，非常适合在互联网上使用。PNG 文件可以达到无损压缩，支持索引、灰度、RGB 三种颜色方案以及 Alpha 通道等特性。

- TIFF：Tagged Image File Format 的缩写，文件庞大，存储信息量巨大，细微层次的信息较多，图像质量高，有利于原稿阶调与色彩的复制，一般用于印刷媒体。TIFF 格式是最常用的工业标准格式，它是未压缩的文件，具有拓展性、方便性、可改性，并且支持多种色彩图像模式。

2）声音文件常见的数据格式有以下几种：

- WAV：Waveform 的缩写，也称为波形文件，是微软公司专门为 Windows 开发的一种标准数字音频文件，它来源于对声音模拟波形的采样，记录声音的波形，记录的声音文件能够和原声基本一致。该文件能记录各种单声道或立体声的声音信息，并能保证声音不失真，质量非常高，但文件比较大。

- MP3：MPEG-1 Audio Layer 3 的缩写，它是最常用的格式，能够以高音质、低采样率对数字音频文件进行压缩，音频文件能够在音质丢失很小的情况下把文件压缩到更小的程度。它在网络可视电话方面应用广泛，声音质量不如 WAV 格式的文件。

- MIDI：Musical Instrument Digital Interface 的缩写，又称作乐器数字接口，是数字音乐/电子合成乐器的统一国际标准。它定义了计算机音乐程序、数字合成器及其他电子设备交换音乐信号的方式，规定了不同厂家的电子乐器与计算机连接的电缆和硬件及设备间数据传输的协议，可以模拟多种乐器的声音。它是由世界上主要电子乐器制造厂商建立起来的一个通信标准，已经成为一种产业标准。MIDI 文件记录的不是乐曲本身，而是一些描述乐曲演奏过程中的指令，所以 MIDI 能指挥各音乐设备的运转，能够模仿原始乐器的各种演奏效果，并且文件非常小。

- WMA：Windows Media Audio 的缩写。WMA 格式可以通过减少数据流量达到更高的压缩率，但仍然保持音质。WMA 可以通过 DRM（Digital Rights Management）方案防止拷贝，或者限制播放时间和播放次数，甚至是限制播放机器，这样可以有力地防止盗版。另外 WMA 还支持音频流（Stream）技术，适合在网络上在线播放，不需要安装额外的播放器。

3）视频文件常见的数据格式有以下几种：

- MPEG：Moving Picture Experts Group 的缩写，即运动图像专家组。VCD、SVCD、DVD 上播放的就是这种格式。该格式是运动图像压缩算法的国际标准，它的基本方法是在单位时间内采集并保存第一帧信息，然后就只存储其余帧相对第一帧发生变化的部分，以达到压缩的目的。MPEG 压缩标准可实现帧之间的压缩，压缩效率非常高，有统一的格式，兼容性也很好。

- AVI：Audio Video Interleaved 的缩写，即音频视频交错，是微软推出的一种多媒体容器格式。它将视频和音频封装在一个文件里，允许音频同步于视频播放。它可以容纳多种类型的音频和视频流，对视频文件采用了一种有损压缩方式。如果人们在进行 AVI 格式的视频播放时遇到了由于视频编码问题而造成的视频不能播放等问题，可以通过下载相应的解码器来解决。

- WMV：Windows Media Video 的缩写，是微软推出的一种采用独立编码方式，可以直接在网上实时观看视频节目的文件压缩格式。WMV 格式是一种流媒体格式，可以在下载的同时播放，适合在网上播放和传输。

- RM（RMVB）：Real Media 的缩写，VB 指 Variable Bit Rate（可变比特率），是 Real Networks 公司所制定的音频视频压缩规范。它是一种常用的流媒体视频文件格式，可以根据不同的网络传输速率制定出不同的压缩比率，从而实现在低速率的网络上进行影像数据实时传送和播放。用户使用 Real Player 播放器可以在不下载音频或视频文件的条件下实现在线播放。RMVB 格式是由 RM 视频格式升级而来的视频格式。

2. 多媒体数据的传输

计算机网络发送和接收多媒体信息的网络应用爆炸式增长，多媒体信息的数据量往往很大。在传输数据时，对时延有较高的要求。多媒体数据往往是实时数据，在发送的同时在接收端边接收边播放。这些多媒体应用对多媒体数据传输的效率要求越来越高。目前，因特网提供的多媒体信息服务主要有流式存储音视频、流式实况音视频、实时交互音视频。

流式存储音视频的应用，要求客户端根据需求请求存储在服务器上的被压缩的音视频文件。它的特点就是"边下载边播放"。多媒体内容事先录制存储好，用户可以检索多媒体的内容，在接收文件几秒后就开始播放音视频，所以当用户开始播放音视频文件的同时，还从服务器中接收文件的后续部分，这就是流媒体技术。目前市场上流行的视频点播网站就是提供的这种服务，如爱奇艺、优酷、Youtube。

流式实况音视频的应用，通过因特网采用类似于电台和电视的方式传输多媒体信息，允许用户接收任何发送端发出的实况无线广播和电视。流式实况音视频应用通过使用 IP 多播技术能够有效地完成向多个接收方分发实况音视频，它与流式存储音视频一样要求实现多媒体的连续播放。这种应用播放的不是已经存储的数据，所以用户在客户端不能实现快进。

实时交互音视频的应用，允许用户使用多媒体信息进行实时信息交互，例如 IP 电话，它类似于传统电路交换电话服务，在 IP 网络上打电话，还可以在 IP 网络进行交互式多媒体实时通信。目前，市场上用的视频会议、视频聊天软件就是这种应用。

3. 虚拟现实（VR）

虚拟现实技术是仿真技术与计算机图形学、人机接口技术、多媒体技术、传感技术、网络技术等多种技术的集合，是一门交叉技术前沿学科和研究领域。VR 技术可以利用计算机和其他智能计算设备模拟产生一个三维空间的虚拟世界，提供关于视觉、听觉、触觉等感官的模拟，让用户有如同身临其境的感觉。

虚拟现实技术可以追溯到 20 世纪八九十年代，最先在学术机构和军方研究实验室研发。现代虚拟现实技术已经在市场上出现了很多相关产品，消费者可以体验从低端到高端各种不同的虚拟现实技术。虚拟现实行业覆盖了硬件、系统、平台、开发工具、应用等诸多方面。市场上的 VR 输出设备包括头戴显示器、立体眼镜等，输入设备包括游戏手柄、数据手套、眼动仪等。目前市场主流的头戴式显示设备有三星 Gear VR、Google Cardboard、VR one、暴风魔镜等。

虚拟现实技术可以划分为四种类型。第一种是桌面虚拟现实系统，应用最广泛，在计算机屏幕中产生三维立体空间的交互场景；第二种是沉浸虚拟现实系统，将听觉、视觉等感觉封闭起来提供完全沉浸其中的体验；第三种是增强虚拟现实系统，将真实世界的信息叠加到模拟仿真环境中，使得现实与虚拟世界融为一体；第四种是分布式虚拟现实系统，通过网络将多个用户连接在一个虚拟环境中，共同体验和操作。

虚拟现实能带来具有沉浸感的游戏和叙事，不只适用于游戏或娱乐，也同样能在教育、医疗、设计、通信等行业领域内应用，特别在某些特殊工作中，虚拟现实能够提供逼真的视角和体验，这是过去任何一种媒介所无法实现的。例如在医学方面虚拟外科手术训练器，在军事与航天工业中虚拟战场系统、模拟零重力环境等。

7.2　多媒体处理工具

7.2.1　图片处理软件 Photoshop 的使用

Adobe Photoshop 简称 PS，是由 Adobe 公司开发和发行的图像处理软件。Photoshop 主要处理以像素所构成的数字图像，它提供了众多的编修与绘图工具，可以有效地进行图片编辑工作。

Photoshop 有多个版本，从最早期的 Photoshop 1 到 Photoshop 7 系列、Photoshop CS 到 Photoshop CS6 系列，以及后来发布的 Photoshop CC 系列，不同的版本有不同的系统要求，例如 2019 年 11 月版的安装在 Windows 系统下的 Photoshop（版本 21.0）要求：计算机硬件拥有支持 64 位、2GHz 以上的 Intel®或 AMD 处理器；2GB 以上（推荐使用 8GB）RAM；64 位安装需要 3.1GB 可用硬盘空间；计算机系统不再支持 32 位版本的 Windows。

Photoshop 的功能主要集中在图像编辑、图像合成、校色调色和特效制作上。图像编辑是对图像做基础的变换，如旋转、透视、修补等。图像合成是将几幅图像通过图层的方式来合成完整的图像。校色调色是对图像的颜色进行相应的调整和校正。特效制作是通过滤镜、通道等工具实现浮雕、石膏画、素描等特效创意。

1. Photoshop 的窗口

Photoshop（版本 21.0）的窗口界面（图 7.1）顶部是菜单栏，包含了全部 Photoshop 常用的操作，包括文件、编辑、图像、图层、选择、滤镜、视图、窗口，最左边是 Photoshop 标记，右边分别是最小化、最大化和关闭按钮。下面是属性栏，选中某个工具后，属性栏就会改变成相应工具的属性设置选项。

中间窗口是图像窗口，它是 Photoshop 的主要工作区，用于显示图像文件。图像窗口带有自己的标题栏，提供了打开文件的基本信息，如文件名、缩放比例、颜色模式等。如同时打开两幅图像，可通过单击图像窗口进行切换。图像窗口切换可使用 Ctrl+Tab 组合键。

图 7.1 Photoshop 的界面

左侧是工具箱面板，可以用鼠标单击相应的工具进行图片处理操作，鼠标右击可以进行某一工具选择。工具箱中的工具可用来选择、绘画、编辑以及查看图像。拖动工具箱的标题栏，可移动工具箱；单击选中工具或移动光标到该工具上，属性栏会显示该工具的属性。有些工具的右下角有一个小三角形符号，这表示在工具位置上存在一个工具组，其中包括若干个相关工具。

右侧是窗口面板，可以点击菜单中的窗口菜单，在下拉列表中选择需要的窗口面板。各个面板还可以相互折叠组合起来，经过折叠组合的几个面板占用空间少了，但是组合在一起的面板不能同时使用，需要切换。

位于 Photoshop 底部的状态栏最左边显示图像的缩放比例、右边通过大于号可以展开选择显示的图像属性，例如，文档大小、文档配置文件、目前所选工具。

2. Photoshop 的常用操作

（1）图片文件的创建。在 Photoshop 中创建图片文件可以单击"文件"→"新建"命令。在"新建"对话框中输入图像的名称、选择文档大小、设置相应的参数就可以新建图片文件。参数包括图像的宽度、高度、分辨率、颜色模式等。"背景内容"参数是指图像建立以后的默认背景颜色，一般选择白色。

如果输入了一些非预设的参数内容，就可以点击图像名称右边的图标，使用"保存预设"把当前的参数设定保存下来，下次就直接可以从预设列表中找到。所谓预设指的是已经预先定义好的一些图像大小、分辨率、背景内容、色彩模式等内容。

（2）工具箱的使用。启动 Photoshop 时，工具箱面板（图 7.2）将显示在屏幕左侧。工具箱

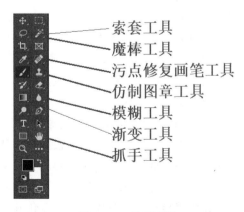

索套工具
魔棒工具
污点修复画笔工具
仿制图章工具
模糊工具
渐变工具
抓手工具

图 7.2 工具箱面板

面板中的某些工具会在上下文相关选项栏中提供一些选项。将指针放在工具上，便可以查看有关该工具的信息。工具的名称将出现在指针下面的工具提示中。要选择工具，可以单击工具箱面板中的工具，如果工具的右下角有小三角形，要右键单击按钮来查看隐藏的工具。另外 Photoshop 也可以使用键盘快捷键（键盘快捷键显示在工具提示中）来选择工具。

　　Photoshop 提供的工具按照使用功能主要可以包括以下几个大类工具库：①选择工具库（选框工具、移动工具、套索工具、快速选择工具、魔棒工具）；②裁剪和切片工具库（裁剪工具、切片工具、切片选择工具）；③修饰工具库（污点修复画笔工具、修复画笔工具、修补工具、红眼工具、仿制图章工具、图案图章工具、橡皮擦工具、背景橡皮擦工具、魔术橡皮擦工具、模糊工具、锐化工具、涂抹工具、减淡工具、加深工具、海绵工具）；④绘画工具库（画笔工具、铅笔工具、颜色替换工具、混合器画笔工具、历史记录画笔工具、历史记录艺术画笔工具、渐变工具、油漆桶工具、3D 材质拖放工具）；⑤绘图和文字工具库（路径选择工具、文字工具、文字蒙版工具、钢笔工具、形状工具和直线工具、自定形状工具）；⑥导航、注释和测量工具库（抓手工具、旋转视图工具、缩放工具、注释工具、吸管工具、颜色取样器工具、标尺工具、计数工具）。

　　以下是几种常用工具的使用方法：

　　1）画笔工具。画笔工具可绘制画笔描边。使用时，从工具栏选择画笔工具，选择画笔的前景和背景色，选择笔刷的大小、模式、不透明度和流量等参数，其中画笔不透明度参数可以增强或减淡色彩，笔画重叠处会出现加深效果。设置完参数按下鼠标左键拖动即可绘制图像，松开左键结束绘制。

　　2）钢笔工具。钢笔工具可绘制边缘平滑的路径，在"路径"面板中可以存储工作路径来创建新路径。在处理图像时，既可以用钢笔工具来抠图，还可以描绘出变化多端的各种线条。

　　3）文字工具。文字工具可在图像上创建文字。文字工具的属性大部分和 Word 相同，例如设置文字的颜色、大小、字体、对齐方式、横排竖排等。

　　4）选框工具。选框工具可建立矩形、椭圆、单行和单列的选区，选区是一个封闭的区域，选区一旦建立，大部分的操作就只针对选区范围内有效。在打开的图像上选择矩形选框工具后，在图像中拖动画出一块矩形区域，松手后会看到区域四周有流动的虚线，说明已经建立好了一个矩形的选区，如果要取消选区可以点击菜单"选择"→"取消选择"。单行和单列选框工具的作用是选取图像中 1 像素高的横条或 1 像素宽的竖条。

　　5）橡皮擦工具。橡皮擦工具可抹除像素并将图像的局部恢复到以前存储的状态；背景橡皮擦工具可通过拖动将区域擦抹为透明区域；魔术橡皮擦工具只需单击一次即可将纯色区域擦抹为透明区域。

　　6）套索工具。套索工具可建立手绘、多边形和磁性选区。在打开的图像上选择了工具栏的套索工具后，在屏幕上按下鼠标任意拖动，松手后即可建立一个与拖动轨迹相符的选区，如果起点与终点不在一起就会自动在两者间连接一条直线。当按下鼠标拖动时按住 Alt 键，就变成了多边形套索工具，在单击的点间连直线形成选区。磁性套索工具主要适用于颜色差异较大的图片，当选取色和背景色在颜色上相差很大时能方便用户的使用。

　　7）魔棒工具。魔棒工具是一种比较快捷的选取工具，可选择着色相近的区域。当选取魔棒工具后在图像中点击某处的颜色时，能够自动选取附近区域相同或相近颜色的部分作为选区，并使其处于选择状态。它的原理是利用颜色的差别来创建选区，以热点的像素颜色值为准，寻找容差范围内的其他颜色像素作为选区。

8）渐变工具。渐变工具的作用是产生逐渐变化的色彩，渐变是有方向的，向不同的方向拖拉渐变线会产生不同的颜色分布，它可创建直线形、放射形、菱形等颜色混合效果。使用时，设定好渐变工具的颜色和样式参数，在图像上拖动鼠标就可以实现渐变的效果。

9）吸管工具。吸管工具可提取图像的色样。作用是吸取指定位置的颜色作为前景色，按住 Alt 键作为背景色。

10）模糊工具。模糊工具可对图像中的硬边缘进行模糊处理。当选取模糊工具后在图像中拖拉鼠标，鼠标经过的区域就会被涂抹模糊，未被涂抹的区域就可以起到突出画面主体的作用。

11）仿制图章工具。仿制图章工具可利用图像的样本来绘画。它的作用是将图像中某处的像素原样搬到另一处，使两个地方的内容一致。使用时需要先定义仿制源，在采样点按住 Alt 键单击一下即可，然后在需要复制的地方单击鼠标，就可以把仿制源的内容复制过来。

（3）图层的使用。一个图层代表了一个单独的元素，可以单独对每个图层做设定，就好像每个图层都是一个画布基底，在每张基底绘画，最终的图像效果是所有图层叠加起来的结果。对每一个图层都可以进行缩放、更改颜色、设置样式、改变透明度等设置，就好像选择不同的画布基底一样。

用户通常是通过调用图层面板（图 7.3）来进行查看和管理的。在图层面板中可以看到所有的图层，并进行新建图层、复制图层、链接图层、合并图层、合并图层组、设置图层混合模式等操作。

1）新建图层。点击图层面板的"创建新图层"按钮，或者在菜单栏选择"图层"的"新建"，就可以创建一个新的图层。

2）复制图层。用鼠标左键点击要复制的图层，直接拖到图层面板右下角"创建新图层"

图 7.3　图层面板

的按钮上，松开鼠标，就可以复制完成。新复制的图层默认为原图层副本。另外也可以使用菜单复制，先选中原图层，再在菜单栏中选择"图层"的"复制图层"即可。

3）链接图层。有一些图层的顺序排版已经调好，如不想再更改了，可以把他们链接起来，移动的时候一块移动就可以保持相对位置不变。有的 Photoshop 版本的图层面板中眼睛标志的右边有一个链接标志区，先选中需要链接的原图层，再单击需要与原图层链接的其他图层的链接标志区，这样会出现一个锁链图标，它代表该图层已经与原图层链接在一起了。有的版本 Photoshop 的图层面板左下角有一个锁链图标，先选中需要链接的若干图层，再点击左下角的链接图标，就可以把这几个图层链接起来。另外也可以使用菜单链接，先选中需要链接的若干图层，再在菜单栏中选择"图层"的"链接图层"即可。

4）合并图层。它可以把几个图层合并成为一张完整的图片。在"图层"菜单栏中有多个合并图层的命令，其中"向下合并"是将当前选定的图层和下面一个图层合并；"选择合并可见图层"是合并图层里面显示的图层，但是不包括隐藏的图层；"拼合图层"是当一张图片制作完成之后，可以把所有的图层都合并成一张完整的图片作为背景层。

5）合并图层组。当创建的图层数太多时，图层面板会拉得很长，使得查找图层很不方便，这时可以使用图层组功能。选择菜单栏"图层"的"新建"的"图层组"命令，或者点击图层面板下方的"创建新组"按钮，都可以建立一个图层组。图层组就像是一个文件夹，里面存放属于本组的图层，通过鼠标拖拉，可以把图层移入或移出图层组。

6）设置图层混合模式。选择不同的图层混合模式就是选择当前图层中的像素与下面图层中的像素的颜色混合算法。其中基色指的是当前图层下一图层的颜色；混合色指的是当前图层的颜色；结果色指的是两者混合后得到的颜色。选择同样的图层混合模式，如果设置不同的混合色的不透明度会产生不同的效果，所以图层混合模式常常与不透明度配合使用。

（4）通道的使用。通道的数量与颜色模式有关系。在 RGB 图像模式下，通道面板默认有四个通道，分别为 RGB、红、绿、蓝，通道面板和图层面板是拼接在一起的，通过选择窗口菜单的通道命令可以调出通道面板（图 7.4）。其中 RGB 是混合通道，储存文件中所有颜色信息；红、绿、蓝通道分别存储了所代表颜色的亮度信息，亮度分为 0～255 个色阶，0 表示这个颜色不发光，255 表示该颜色光线到达最饱和。RGB 模式是视频设备的物理色彩模式。调节红、绿、蓝不同通道的色阶，可以改变图像的样式。

图 7.4　通道面板

当图像转换色彩模式到 CMYK 模式后可以看到 CMYK 通道。CMYK 模式是一种印刷模式，具有 CMYK、青色、洋红、黄色、黑色五个通道，后四种可以分别调节四种油墨的印刷量，从 0～100%，从而改变图像的样式。

此外，还有专色通道和 Alpha 通道，结合选区、滤镜、蒙版使用，可以达到不同的效果。

（5）滤镜的使用。滤镜就是经过分析图像中各个像素的值，根据滤镜中各种不同功能的要求，采用不同算法对像素的颜色、亮度、饱和度、对比度等属性进行计算，替换原像素的值，生成丰富多彩的图像效果。

要使用滤镜功能，直接选择滤镜菜单下的命令即可（图 7.5）。每种滤镜都有相应的参数设置，滤镜可以重复使用，也可以消退其效果。滤镜不能用于位图模式和索引模式。文字图层要特殊处理后才能使用滤镜。滤镜的使用范围是针对选取区域进行滤镜效果处理。如果没有定义选取区域，则对整个图像进行处理；如果当前选中的是某一层或某一通道，则只对当前层或通道起作用。

Photoshop 滤镜中常用的有扭曲、锐化、模糊、风格化、像素化、艺术化效果、渲染、素描等。例如：扭曲滤镜能对图像进行几何变形处理，产生位移、球面、波浪等效果；锐化滤镜能增强像素间对比度，使得轮廓更清晰；模糊滤镜与前者相反；风格化滤镜对像素进行错位处理，产生不同的风格；像素化滤镜可以分解图像为不同的色块，产生马赛克斑点等效果。

（6）图像的设置。选择"图像"菜单（图 7.6），可以对图像进行相应的属性设置。例如调整图像尺寸，可以选择图像大小命令，改变图像的像素数值、文档大小、是否保持宽高比，选择改变图像尺寸的算法。

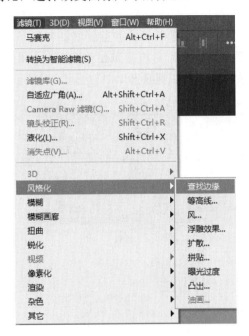

图 7.5　滤镜菜单

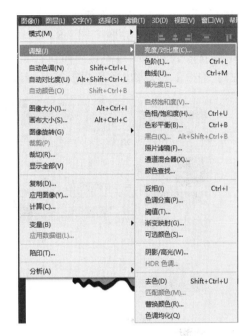

图 7.6　"图像"菜单

（7）图片文件的保存。图像处理完毕，可以单击"文件"→"存储为"（有的版本是"保存为"）命令，调出保存设置菜单，定义文件保存路径、文件格式、文件名，选择格式参数。

7.2.2　动画制作软件 Flash 的使用

Flash 是一种动画创作软件，又称为闪客，是由 Macromedia 公司（已被 Adobe 公司收购）推出的交互式矢量图和 Web 动画的软件。从 1996 年的 Macromedia Flash 1 升级到 2005 年的 Macromedia Flash 8 版本，之后被收购升级为 Adobe Flash CS 系列，到 2016 年 Flash Professional 版本被重新发布并命名为 Adobe Animate CC。经过多年的开发升级，Flash 成为了主流的动画制作软件，新版本加入了对于 HTML5 Canvas 和 Web GL 的支持，更准确地体现其作为 Web 动画及其他动画主要工具的地位。

1. Flash 的窗口

打开 Adobe Flash CS 5.5，在顶部菜单栏右边有一个工作区选择菜单，默认是基本功能工作区，一般制作动画时常用的是基本功能、动画、传统工作区界面。下面介绍动画工作区界面。

Adobe Flash CS 5.5 动画工作区界面（图 7.7）最上面是菜单栏，包含了带有用于控制功能命令的菜单，例如文件、编辑、视图等，最左边是 Flash 标记，最右边分别是最小化、最大化和关闭按钮，右边还有一个工作区选择菜单（默认是"基本功能"）；下面是时间轴，用于组织和控制一定时间内的图层和帧中的文档内容；再下面中间一个白色的矩形区域是舞台（也叫作场景），是动画创作的区域；场景上方是工具面板和标题栏，工具面板里面的工具可以绘图、上色、选择和修改插图；场景左边是工具相关的各项面板，例如颜色面板、对齐面板、信息面板；场景右边的面板包括属性面板、库和项目面板等，库面板可以存储和组织在 Flash 中创建的各种元件。通过窗口菜单可以调出或隐藏场景左右两边的面板。

基本功能工作区界面（图 7.8）中，菜单栏下面是标题栏，显示当前项目名称，新建 Flash 项目时会要求填写名称和路径。下面是场景和时间轴，右边是属性和库面板。属性面板左边的按钮可以弹出颜色面板等，右边的是纵向排列的工具面板。

图 7.7　Adobe Flash CS 5.5 的动画工作区界面

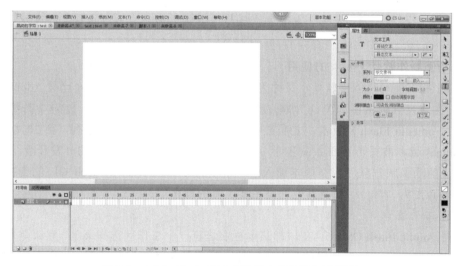

图 7.8　Adobe Flash CS 5.5 的基本功能工作区界面

时间轴左边的图层就像堆叠在一起的多张幻灯胶片一样，每个图层都包含一个显示在舞台中的不同图像，时间轴由图层、帧和播放头构成。图层列在时间轴左侧，图层面板可以用来控制图层的添加、删除、隐藏、锁定等操作。每个图层中包含的帧显示在该图层名右侧的一行时间轴中，每个格子代表一帧，帧上面有一条红色的线条是时间指针，表示当前帧位置。播放头指示当前在舞台中显示的帧，播放动画时播放头从左向右通过时间轴。

舞台是创建 Flash 文档时放置图形内容的区域，在这里可以看到 Flash Player 或 Web 浏览器窗口中播放动画的区域，可以使用网格、辅助线和标尺。

工具面板主要包含了绘图所需的各种工具和调整工具，例如选择、锁套、文字、画笔、橡皮擦、颜色吸管工具。这些工具非常适用于矢量绘图。

属性面板显示舞台或时间轴上当前所选内容的最常用属性，例如当前文档、文本、元件、形状信息。当选择了两个或多个不同类型的对象时，则显示选中对象的混合信息。

库面板存储和组织各种元件，包括位图图形、声音文件和视频剪辑。利用库面板，可以在文件夹中组织库项目、查看项目在文档中的使用频率以及按照名称、类型、日期、使用次数对项目进行排序和搜索。

2. Flash 的常用操作

（1）动画文件的创建。打开 Adobe Flash CS 5.5 软件，在"文件"菜单下选择"新建"命令，弹出"新建文档"对话框（图 7.9）。对话框中给出了多个选项，选择第一个 ActionScript 3.0 类型创建一个.fla 文件。右边可以设定 ActionScript 3.0 类型的一些属性，宽高指的是舞台大小；帧频指画面每秒传输帧数，就是指动画或视频的画面数，单位是 fps，其中的 f 就是英文单词 frame（画面、帧），p 就是 per（每），s 就是 second（秒）。

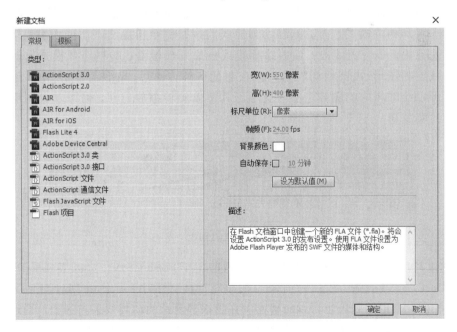

图 7.9　"新建文档"对话框

点击常规类型的其他选项，会在右下角的说明文档中给出解释，例如 Air、Air for Android 和 Air for iOS 是在装有 Adobe Air 的计算机和手机等终端使用的类型。Adobe Air 是 Adobe 公司的产品，是针对网络与桌面应用的结合所开发出来的技术，可以不必经由浏览器开发客户端程序。

在"新建文档"对话框中点击"模板"标签，在"类别"列表中选择需要的模板可以更方便快捷地创建动画。模板是已经编辑完成、具有完整影片架构的文件，并拥有强大的互动扩充功能。

（2）创建和编辑插图。计算机图像分为矢量图和位图两种类型。矢量图进行缩放时，图形对象仍保持原有的清晰度和光滑度，不会发生任何偏差；位图图像是由像素构成的，像素的多少将决定位图图像的显示质量和文件大小，位图图像的分辨率越高，其显示越清晰，文件所占的空间也就越大。Flash 包括多种绘图工具，它们在不同的绘制模式下工作，Flash 既可以绘制矢量图形也可以编辑位图。

许多绘制工作都开始于像矩形和椭圆这样的简单形状，因此能够熟练地绘制它们、修改它们的外观以及应用填充和笔触是很重要的。图形中的形状都是由填充和笔触组成，绘制图形就是处理好图形的填充和笔触。

下面介绍一些常用工具，工具面板如图 7.10 所示。线条工具是 Flash 中最简单的工具，属性选项可以选择直线的颜色、粗细和样式。铅笔工具可以绘制直线和曲线，属性选项中可以调节填充、笔触和平滑度，选择了铅笔工具以后，在工具栏右边会出现铅笔工具相关模式选项（伸直、平滑、墨水），伸直选项呈现硬朗的规则效果，平滑选项呈现圆滑效果，墨水选项可以记录鼠标抖动的轨迹。钢笔工具可以绘制直线和曲线，并且还可以通过调节杆、锚点调节曲线的弯度和方向。刷子工具可以绘图和填充色彩，选择不同的填充模式、形状和笔触大小，效果则不同。选择了刷子工具以后，在工具栏右边会出现刷子工具相关模式选项，标准绘画模式的刷子完全覆盖它下面的内容；颜料填充模式只覆盖色块，不覆盖线段；后面绘画模式被原图形覆盖；颜料选择模式只能在选取的填充区域绘制图形；内部绘画模式只能在封闭区域内添色。矩形工具、多角星形工具、圆形工具可以绘制相应的图形。任意变形工具可以旋转缩放元件，也可以对图形对象进行扭曲、封套变形。

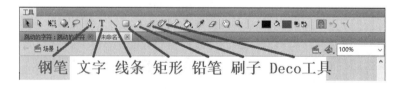

图 7.10　工具面板

Deco 工具是在 Flash CS 4 版本中首次出现的。在 Flash CS 5 中大大增强了 Deco 工具的功能。Deco 工具是一种类似"喷涂刷"的填充工具（图 7.11），使用 Deco 工具可以快速完成大量相同元素的绘制，也可以应用它制作出很多复杂的动画效果。例如，通过在场景中拖拉鼠标，可以快速出现藤蔓、建筑物、火焰（图 7.12）。

（3）元件的制作。Flash 元件是在 Flash 中创建或导入过的图形、按钮或影片剪辑，它们都保存在"库"面板中。元件创建一次后就可以在整个文档中重复使用。实例是舞台上一个元件的副本，实例可以与它的元件在颜色、大小和功能上有差别。可以把元件理解成符号，存储在元件库中。当需要使用某个元件时，就把元件从库中拖入到舞台，被拖入舞台的元件副本就叫作实例，库中的元件没有改变。当编辑元件时，该元件的所有实例都会被更新，当修改元件的一个实例时，其他实例不会改变。使用元件可以加快文件的播放速度，缩减文件大小，如果要频繁地使用一个对象，可以将它转换为元件。

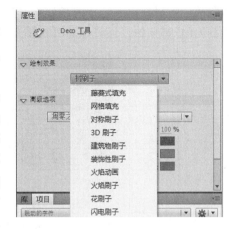

图 7.11　Deco 工具的绘制效果选项

　　元件主要有三种。第一种图形元件，它是静态图像，可用来创建时间轴上的关键帧，不能加入动作脚本代码；第二种是按钮元件，可以创建用于响应鼠标单击、滑过等动作的程序代码，按钮在 up、over、down、hit 四种状态下可以编辑不同的外观；第三种是影片剪辑元件，可以创建可重用的动画片段，它拥有独立于主时间轴之外的时间轴。

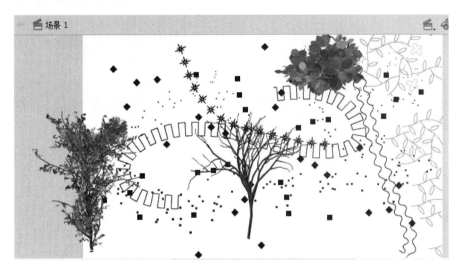

图 7.12　用 Deco 工具绘制的图片

　　创建元件的方法主要有两种。一种是通过舞台上选定的对象来转换，选择"修改"菜单的"转换为元件"命令，把对象直接转为元件；另一种是创建一个空元件，然后在元件编辑模式下制作或导入内容。编辑元件可以双击"库"面板中的元件图标或选择舞台的一个实例，点击"编辑元件"命令，进入编辑状态，单击舞台顶部编辑栏左侧的返回按钮，就可以退出元件编辑模式并返回到文档编辑状态。如图 7.13 所示。

　　当创建元件的实例时，在时间轴上选择一个图层，选择放置实例的关键帧，将该元件从库中拖到舞台上即可。可以更改实例的色调、透明度和亮度等属性，只需要选中实例，在属性面板中设置即可，其中 Alpha 属性是调节实例的透明度。使用 ActionScript 动作脚本代码，可以在动画运行时控制影片剪辑和按钮实例，实现加载、卸载、播放、停止、链接到 URL 等操作，还可以将外部图形或动画遮罩加载到影片剪辑中。

图 7.13　Flash 创建元件

（4）关键帧的使用。在时间轴中 Flash 是使用帧来组织和控制动画的内容，帧的放置顺序决定帧内对象在动画中的显示顺序。帧频指的是动画播放的速度，以每秒播放的帧数为度量单位。所谓关键帧就是当用户需要舞台上的动画对象产生运动或变化时，定义对象属性的特定帧，例如在第一个关键帧定义对象的开始状态，第二个关键帧定义对象的结束状态，Flash 自动填补中间的帧上动画对象的属性值，以产生动画，这就是补间动画。这样就可以通过设置关键帧，而不用画出每个帧就可以生成动画。时间轴和关键帧如图 7.14 所示。

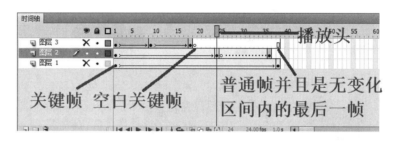

图 7.14　时间轴和关键帧

关键帧可以包含动作脚本代码来控制动画，可以将空白关键帧添加到时间轴中。

（5）图层的使用。Flash 中的图层与 Photoshop 中的图层类似，可以帮助用户组织动画中的各种对象。可以在图层上绘制和编辑对象，而不会影响其他图层上的对象。舞台上看到的最终结果是所有图层上的内容叠加在一起的，时间轴中图层或文件夹名称旁边的铅笔图标，则表示该图层或文件夹处于活动状态。一次只能有一个图层处于活动状态，即被编辑状态。

当创建新图层时，可以单击时间轴底部的新建层按钮，或者选择"插入"菜单的"时间轴"命令的"图层"命令。图层文件夹可以将图层放在一个树形结构中，类似于资源管理器的文件夹，帮助用户组织管理图层。创建新图层文件夹时，可以单击时间轴底部的"新建文件夹"按钮，或者选择"插入"菜单中"时间轴"命令的"图层文件夹"命令（图 7.15）。

（6）运动补间动画的制作。运动补间动画（又叫作动作补间动画）是 Flash 的一种动画表现形式。在一个关键帧上放置一个实例，然后在另一个关键帧上改变该实例的大小、颜色、位置、透明度等属性，Flash 根据两者之间的差值自动创建的动画，被称为运动补间动画。

在 Adobe Flash CS 5.5 中，制作运动补间动画的第一种方法是使用"创建传统补间"命令，它的对象必须是实例或组合对象。传统补间只要确定了起始帧和结束帧的内容，就可以把中间的过程补充完整。传统补间建立后，时间帧面板的背景色变为淡紫色，在起始帧和结束帧之间有一个长长的箭头，传统补间两端的关键帧应该是同一个实例，在一个传统补间中只能有一个实例或组合，传统补间可以用于产生这些变化：物体位置的移动、物体大小的改变和简单的形变、物体的旋转、物体的透明度、色调和亮度的改变，以及利用导轨绘制复杂路径运动。

用"创建传统补间"命令创建动作补间动画的操作步骤是：首先选择一个关键帧创建起始帧，新建或拖入一个元件；然后选择一个关键帧创建结束帧，并改变元件的位置、大小等属性；最后右键单击开始帧，在弹出的快捷菜单中选择"创建传统补间"命令，即可建立动作补间动画。如果要取消"传统补间"，可以右键点击补间范围内的任意一帧，选择"删除补间"（图 7.16）。

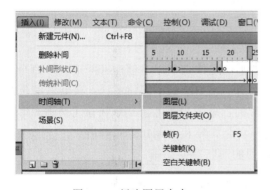

图 7.15　新建图层命令

图 7.16　时间轴上传统补间的右键快捷菜单

第二种方法是使用"创建补间动画"命令，前面的操作步骤和第一种方法一样，只是在最后一步弹出的快捷菜单中选择"创建补间动画"命令。补间动画建立后，时间帧面板的背景色变为淡蓝色，在起始帧和结束帧之间没有箭头。"补间动画"是在 Adobe Flash CS 4 Professional 中引入的，它功能强大，提供了更多的补间控制。它可以将文本设为可补间的对象，并且使用属性关键帧（在时间轴中是黑色菱形标志），而不是使用关键帧（在时间轴上是黑色圆形标志）。属性关键帧是在补间范围内为对象定义一个或多个属性值（如位置、缩放、倾斜）的帧，Flash 会为所创建的属性关键帧之间的帧内插属性值（图 7.17）。

（7）形状补间动画的制作。形状补间动画和动作补间动画都属于补间动画，它们都各有一个起始帧和结束帧。形状补间动画的对象是矢量图形，可以实现不同形状的变化。在一个关键帧上绘制一个形状，然后在另一个关键帧上更改该形状或绘制另一个形状，Flash 将自动根据二者之间帧的值或形状来创建的动画，这就是形状补间动画。

形状补间动画可以实现两个图形之间颜色、形状、大小、位置的相互变化，如果使用的元素是图形元件、按钮、文字，则必须先使用修改菜单下的分离命令将其打散，然后才能创建形状补间动画。

图 7.17　查看补间动画属性关键帧的属性

在 Adobe Flash CS 5.5 中，制作形状补间动画的方法是使用"创建补间形状"命令。首先创建两个关键帧作为起始帧和结束帧；然后两个帧上绘制不同的形状；最后右键单击开始帧，在弹出的快捷菜单中选择"创建补间形状"命令，即可建立形状补间动画。形状补间建立后，时间帧面板的背景色变为淡绿色，在起始帧和结束帧之间有箭头。

图 7.18 中的图层 5 是一个正方形变成椭圆形的形状补间动画。

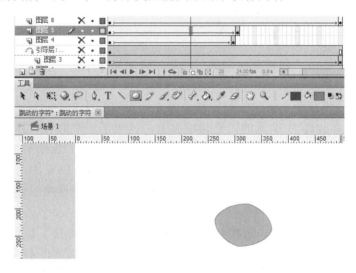

图 7.18　图层 5 中"补间形状"由正方形变为椭圆形之间的一个普通帧

（8）逐帧动画。逐帧动画是最基本的动画原理，相当于把一本书的每一页都画上形状，快速地翻动书页，就会出现连续的动画。Flash 逐帧动画是在连续的关键帧中创建对象，每一帧中的内容不同，连续播放形成动画。由于逐帧动画在时间轴上逐帧绘制帧的内容，所以逐帧动画具有非常大的灵活性，可以表现任何想表现的内容，对于复杂动画变化来说使用逐帧动画有明显的优势。

逐帧动画的对象可以是连续导入的 JPG、PNG 等格式的静态图片，也可以用鼠标或压感笔在舞台中一帧帧地画出帧内容，还可以用文字作为帧中的元件，实现文字跳跃、旋转等特效。

把补间动画转换成逐帧动画是快速制作逐帧动画的方法。首先制作好一个补间动画，然后右键单击补间范围，在弹出的快捷菜单中选择"转换为逐帧动画"（图 7.19），最后每个普通帧都转换成了关键帧（图 7.20）。

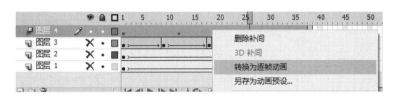

图 7.19 "转换为逐帧动画"命令

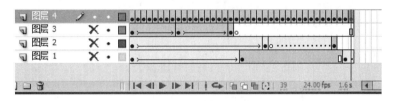

图 7.20 转换后的逐帧动画

（9）引导层的运用。引导层中的图案可以为绘制的图形或对象定位，主要用来设置对象的运动轨迹。引导层不从影片中导出，所以它不会增加文件的大小，而且不会显示在发布的文档中。任何图层都可以作为引导层，图层名称左侧的辅助线图标表明该层是引导层。

创建引导层时，可以执行引导层命令，使其自身变成引导层（图 7.21）。如果要创建运动引导层，控制传统补间动画中的对象的移动路径，要将常规层拖动到引导层上，这样会将引导层转换为运动引导层，常规层中的对象将沿着运动引导层的路径运动。引导层中的内容可以是用钢笔、铅笔、线条、椭圆工具、矩形工具或画笔工具等绘制的线段，而被引导层中的对象是跟着引导线走的，可以使用影片剪辑、图形元件、按钮、文字等。

使用引导层时，先在引导层绘制运动路径，再在该引导层下的常规层中分别选中补间范围的起始关键帧和结束关键帧，最后分别把关键帧中引导对象用选择工具拖拉到运动路径上（图 7.22）。

图 7.21 右键单击图层弹出快捷菜单的"引导层"和"添加传统运动引导层"命令

这时点击播放按钮，就可以看到引导对象在引导路径上运动了。

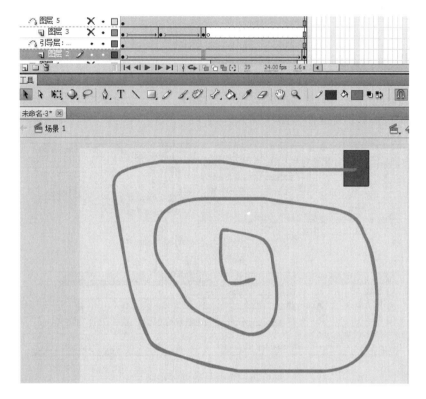

图 7.22 引导层（螺旋线是引导层，矩形是引导对象）

（10）遮罩层的运用。有很多 Flash 作品利用遮罩动画的原理制作出了炫目的效果，例如万花筒、百叶窗、放大镜、望远镜、图像切换、火焰背景文字、管中窥豹等。遮罩层、被遮罩层中分别或同时使用形状补间动画、动作补间动画、引导线动画、影片剪辑元件，可以创建出多种多样的动画形式，是一种常用的动画制作技巧。

遮罩的原理非常简单，在遮罩层上创建一个任意形状的视窗，遮罩层下方图层的对象可以通过该视窗显示出来，而视窗之外的对象将不会显示。例如可以通过遮罩图层中的图形或者文字对象，透出下面图层中的内容。被遮罩层中的对象只能透过遮罩层中的对象显现出来，被遮罩层可使用按钮、影片剪辑、图形、位图、文字、线条等。

设置遮罩层，只需要在某个图层上单击右键，在弹出菜单中选择遮罩层即可，该图层的层图标就会从普通图层图标变为遮罩层图标，系统会自动把遮罩层下面的一层关联为被遮罩层。如果需要关联更多层被遮罩，只要把这些层拖到被遮罩层下面即可。

制作遮罩层时可以使用铅笔、刷子、矩形等工具，必须是填充了任意颜色的部分才起作用；遮罩层和被遮罩层必须被锁定（在时间轴上点击锁定按钮），播放时才有遮罩效果；遮罩层和被遮罩层都可以使用各种补间方式（图 7.23）。

（11）动画文件的保存。Flash 保存的动画文件是*.fla 文件格式，不同的 Flash 版本可以向低兼容版本保存，想编辑 Flash 的时候只要把*.fla 源文件打开就可以编辑。

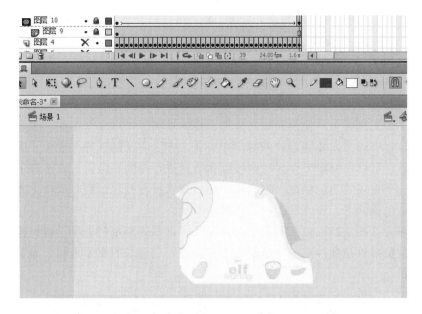

图 7.23 遮罩层（图层 10）和被遮罩层（图层 9）

如果动画已经制作完成，需要保存后在播放器或网上观看，可以单击文件菜单，选择"导出影片"命令（图 7.24），即可导出*.swf 文件。此外，还可以导出 JPG、PNG、JPG 序列、PNG 序列、MP3、WAV、VI 等常用的图片、声音和视频格式。

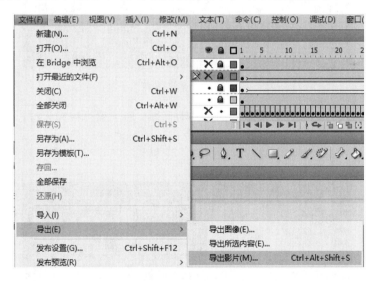

图 7.24 "开始"菜单的"导出影片"命令

7.2.3 视频编辑软件会声会影的使用

会声会影是加拿大 Corel 公司制作的一款功能强大的视频编辑软件，具有图像抓取和编修等全套工具，提供了捕获、编辑和共享视频、幻灯片及多媒体项目等功能，操作起来简单易用、功能丰富。

会声会影目前常用的版本是会声会影 X5 到会声会影 2022 系列，适用于不同的 Windows 操作系统，最新版本的会声会影 2022，适用于 Windows 11、Windows 10、Windows 8 的所有 64 位操作系统，完整安装至少需要 10GB 存储空间。

1. 会声会影的窗口

会声会影 2019 包含 3 个主要工作区：捕获、编辑、共享。会声会影把主要的操作控件放置到这 3 个工作区中，使得视频创建的流程简单明了，这 3 个工作区也正好分别对应了视频编辑过程中的三大步骤。首先用户在捕获工作区中录制或导入视频、照片和音频媒体素材；然后就可以在编辑工作区对这些媒体素材进行排列、编辑、修整等工作了，编辑工作区包括一个重要的功能就是"时间轴"，所有素材都是添加到时间轴上来完成视频制作的；最后可以在共享工作区保存和共享影片。

捕获工作区（图 7.25）包括若干个组件，其中顶部的菜单栏提供了各种操作命令；预览窗口用于预览播放视频；素材库面板用于存放导入或捕获的媒体素材；导览区域提供回放等播放按钮。

图 7.25　会声会影的捕获工作区

编辑工作区（图 7.26）包含最重要的组件时间轴，用于编辑视频素材，也包括菜单栏、预览窗口、素材库面板、导览区域。在素材库面板中包括模板、转场、标题、图形、滤镜和路径。

图 7.26　会声会影的编辑工作区

共享工作区（图 7.27）除了菜单栏、预览窗口、导览区域，还包括类别、格式选择区域，用于提供不同的输出类别和文件格式。

图 7.27 会声会影的共享工作区

2. 会声会影的常用操作

（1）时间轴及轨道管理器的操作。时间轴面板（图 7.28）的左上角的两个图标分别是故事板视图和时间轴视图。故事板视图中的每个缩略图都代表一张照片、一个视频素材或一个转场，缩略图是按其在项目中的位置显示的。时间轴视图按视频、叠加、标题、声音和音乐将项目分成不同的轨道，时间轴每个轨道前面的图标可以对当前的轨道进行隐藏或显示。时间轴标尺以"时∶分∶秒∶帧"的形式显示项目的时间码增量，确定素材项目长度。

图 7.28 时间轴面板

轨道可以用轨道管理器来添删，单击工具栏上的轨道管理器按钮，点击"打开"对话框，可以设置覆叠轨、标题轨、音乐轨的数量，如图 7.29 所示。

（2）视频文件的创建。会声会影将视频、标题、声音和效果都整合到项目文件中。会声会影项目文件以 *.vsp 文件格式保存。 HTML 5 视频项目保存为 *.vsh 文件格式。项目输出的视频可以在计算机上播放、刻录到光盘或上传到网络。

单击文件菜单的新建项目，或者新建 HTML5 项目，就可以创建新的视频文件项目。

（3）向视频轨道添加视频素材。在各个轨道中导入素材的方法主要有三种：第一种是直接拖动素材到轨道上；第二种是将素材先导入媒体库，然后再插入轨道；第三种是在轨道上右击选择插入视频、照片、音乐。视频素材可以拖到视频轨或覆叠轨上（图 7.30），如果在素材库中选择素材拖放，可以按住 Shift 键来选取多个素材。

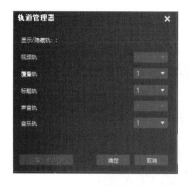

图 7.29 轨道管理器

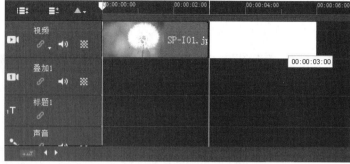

图 7.30 拖动素材到轨道

视频轨道的左边有一个启用/禁用连续编辑按钮,如果启用了连续编辑就可以在插入或删除素材时保持其他锁定轨道的原始同步,如图 7.31 所示。例如在声音轨道应用了连续编辑,在视频轨道有新素材插入后,声音轨道的素材都将相应平移,同时保持它们在轨道上的相对位置。

(4)向文本轨道添加素材。先导入需要添加文字的视频素材在视频轨上。点击"标题"选项(图 7.32),在字幕库中选择合适的字幕,将标题模板直接拖拽到标题轨中,然后双击预览窗口拖拽过去的字幕模板,将模板上的字样删掉,替换成自己需要的文字,该文字就和模板上的字幕显现效果完全一样。在预览窗口右侧的文字属性部分进行设置,可以对字体、字号、颜色、对齐方式等进行修改,点击"编辑"选择"保存字幕文件",在对话框中选好保存位置,取好文件名即可。

图 7.31 连续编辑按钮

图 7.32 "标题"选项

(5)向视频轨道添加图片素材。向图片轨道添加素材的方式和添加视频素材的方式一样。默认情况下,会声会影会调整图片大小以保持图片的宽高比。系统默认的是每张图片 2 秒,可以通过选中图片鼠标拖拽的方式加长时间。选中要编辑的图片,右键找到最上端的"打开选项面板",在"选项面板"(图 7.33)中,可以进行图片旋转、色彩校正、摇动和缩放的图片设置。图片与图片之间衔接可以添加转场效果。

(6)向覆叠轨道添加素材。会声会影的覆叠轨道上可以把视频或图形素材自动缩小叠加视频轨道,一个轨道的视频或者图片上重叠另外几幅视频或者图片,也就是说在一个预览窗口中可以看到多幅画面,如图 7.34 所示。向覆叠轨道添加素材的方法与向视频轨道添加素材的方法一样。调整素材大小的方法很简单,选中素材之后,在预览窗口右击选择"调到屏幕大小"或者直接拖动即可。

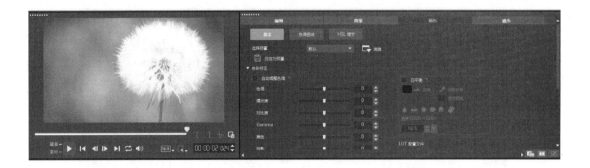

图 7.33 图片的"选项面板"

　　覆叠轨道与视频轨道的区别除了前者可以调整视频素材大小以外,另一个最主要的区别是视频轨道的视频素材剪掉中间一段视频后,后面的素材会自动连接上前面的素材,前后没有空档;而覆叠轨道不会自动连接,中间可以出现空档。

　　(7)向声音轨道添加素材。会声会影中的音频素材可以放在音乐轨道或声音轨道中。声音轨道一般用来录制解说词、插入画外音、分离视频中的音频。音乐轨道一般用来插入背景音乐或声音效果。两者都可以进行声音调节、裁剪、实现淡入淡出效果;也可以将音频滤镜应用于音频轨道。

　　录制画外音时,在时间轴视图中单击录制/捕获选项按钮(图 7.35),并选择画外音,在"调整音量"对话框中进行设置即可(图 7.36)。如果需要从视频素材中分离音频轨道,可以选择视频素材,右击视频素材并选择分离音频即可。

　　(8)转场效果的设置。转场效果指的是两段视频之间的过渡方式,如画面的叠化、交叉淡化等。转场可以应用到时间轴中的所有轨道上的单个素材上或素材之间。需要使用转场效果时,可以在编辑工作区中,单击选择素材库中的一个转场效果,并将其拖到时间轴上两个视频素材之间即可。在时间轴上拖动转场可以调整时间。

　　如果需要使用自动添加转场的功能,可以选择设置下的参数选择,在转场效果中选中自动添加转场效果选项,在默认转场效果下拉菜单中选择需要的转场效果,点击确定,如图 7.37 所示。

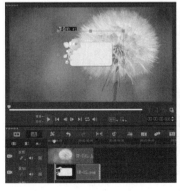

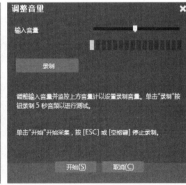

图 7.34　覆叠轨道添加素材　　　图 7.35　录制/捕获选项　　　图 7.36　录制画外音

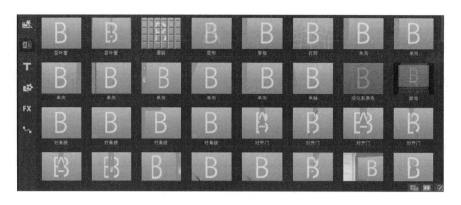

图 7.37 转场效果

（9）视频文件的保存。编辑好项目后，可以在共享工作区点击创建视频文件，从菜单中选择要保存的格式，在弹出的对话框里面，输入视频名称和保存路径、输出视频的各种属性。会声会影提供了 DV、DVD、蓝光、MPG、WMV 模式等多种视频格式，可以直接点击使用。会声会影提供了智能包功能，其中包含的文件压缩技术将项目打包为压缩文件夹或准备上传到在线存储位置。

视频文件在制作过程中要随时保存，防止文件因故丢失，也可以设置自动保存，在设置选项中点击参数选择，然后单击常规选项卡，选择自动保存间隔，默认情况下，此设置每 10 分钟执行一次。

第8章 网络基础与应用

8.1 计算机网络概述

计算机网络是计算机技术与通信技术相结合的产物。20 世纪 60 年代，美国国防部领导的远景研究规划局（Advanced Research Projects Agency，ARPA）提出要研制一种崭新的网络，这种新型网络用于计算机之间的数据传送，通信时必须有迂回路由，网络结构要简单，并且要非常可靠地传送数据。一批专家因此设计出了使用分组交换的新型计算机网络。

8.1.1 计算机网络的概念

计算机网络是指将地理位置不同的具有独立功能的多台计算机及其外部设备，通过通信线路连接起来，在网络操作系统，网络管理软件及网络通信协议的管理和协调下，实现资源共享和信息传递的计算机系统。

1. 计算机网络的发展

随着计算机技术和通信技术的不断发展，计算机网络发展过程大致可以细分为以下 4 个阶段。

（1）第一阶段：面向终端的计算机网络。20 世纪 50 年代，计算机网络进入到面向终端的阶段，通过计算机实现与远程终端的数据通信。这个阶段的计算机网络的数据集中式处理，数据处理和通信处理都是通过主机完成；数据的一致性较好；缺点是数据的传输速率受限，主机的通信开销较大，通信线路利用率低，对主机依赖性大。

（2）第二阶段：多台计算机互连的计算机网络。这时是以通信子网为中心的网络阶段，又称为"计算机-计算机网络阶段"，它是在 20 世纪 60 年代中期发展起来的，由若干台计算机相互连接成一个系统，即利用通信线路将多台计算机连接起来，实现了计算机与计算机之间的通信。这一阶段提出分组交换技术，并且形成 TCP/IP 协议雏形。

（3）第三阶段：面向标准化的计算机网络。20 世纪 70 年代末至 80 年代初，微型计算机得到了广泛的应用，用户为了资源共享和相互传递信息，对于微型计算机、工作站、小型计算机的互联需求提升。在此期间，各大公司都推出了自己的网络体系结构。这个阶段提出了具有重大意义的网络系统结构标准，例如，网络体系结构 OSI-RM 模型、层次结构和通信协议、以太网、公用数据网等标准。

（4）第四阶段：国际互联网与信息高速公路阶段的计算机网络。20 世纪 90 年代以后，计算机网络主要特征是综合化、高速化、智能化和全球化。1993 年，美国政府发布了题为"国家信息基础设施行动计划"的文件，其核心是构建国家信息高速公路。这个阶段计算机通信与网络技术以高速率、高服务质量、高可靠性等为指标，出现了高速以太网、VPN、无线网络、P2P 网络等技术，计算机网络的发展与应用渗入了人们生活的各个方面，进入一个多层次的发展阶段。

2. 计算机网络的功能

计算机网络的功能主要包括实现资源共享、实现数据信息的快速传递、提高可靠性、提供负载均衡与分布式处理能力、集中管理以及综合信息服务。

对用户而言总体可以分为硬件资源共享、软件资源共享和信息交换。硬件资源共享可以为用户提供处理资源、存储资源、输入输出资源等昂贵设备，用户通过网络使用这些硬件；软件资源共享可以为用户提供远程访问和管理各类网络资源的功能；信息交换为用户提供了通过网络进行通信的手段，用户可以通过电子邮件、通信软件、新媒体工具等交流信息。

8.1.2 Internet 的概念

1. Internet 的结构

Internet，中文正式译名为因特网，又叫作国际互联网，它是由那些基于共同的协议互相通信的计算机连接而成的全球网络，目前的用户已经遍及全球。Internet 是一组全球信息资源的总汇，是由许多子网互联而成的一个逻辑网，每个子网中连接着若干台主机。

TCP/IP（Transmission Control Protocol/Internet Protocol）为传输控制协议/因特网互联协议，是 Internet 最基本的协议，是 Internet 国际互联网络的基础。TCP/IP 定义了终端设备如何连入因特网，以及数据如何在它们之间传输的标准。TCP/IP 协议指一个由 FTP、SMTP、TCP、UDP、IP 等协议构成的协议簇，其中最核心的两个协议是 TCP 协议和 IP 协议。

TCP/IP 传输协议是一个四层的体系结构，包含应用层、传输层、网络层和数据链路层。应用层的主要协议有 Telnet、FTP、SMTP，直接为应用进程提供服务；传输层的主要协议有 UDP、TCP，实现数据传输与数据共享；网络层的主要协议有 ICMP、IP、IGMP，提供网络连接的建立和终止以及 IP 地址的寻找等功能；数据链路层的主要协议有 ARP、RARP，提供链路管理错误检测等功能。

2. Internet 在中国

1989 年，中国开始建设互联网。1994 年，中国与 Internet 全功能网络连接，标志着中国最早的国际互联网络的诞生，中国科技网成为中国最早的国际互联网络。2019 年，中国互联网络信息中心发布了第四十三次《中国互联网络发展状况统计报告》，其中显示截至 2018 年 12 月，我国网民规模超过 8 亿，手机上网已成为最常用的上网渠道之一。

发展至今，中国互联网快速崛起，前有新浪等大的门户网站，后有阿里巴巴、腾讯、百度、京东等互联网巨头公司。网络也改变了用户的生活，我国网络购物用户规模猛增，特别是手机购物市场用户；网络支付增长迅速，支付宝等软件使用广泛；即时通信软件规模很大，如微信、QQ；网络自媒体发达，如微博等；网络游戏快速发展并逐渐呈现多样化趋势；网络文学价值日益凸显；网络视频用户规模猛增。

8.1.3 计算机网络的类型

计算机网络有几种不同的分类方式，主要是按照网络的交换功能、网络的地理范围、网络的拓扑结构来分类。下面介绍两种分类。

1. 按网络的地理范围划分

（1）局域网。局域网（Local Area Network，LAN）是指在某一区域内由多台计算机互联成的计算机组。一般是方圆几千米以内，适用于机关、校园、工厂等，常常用于一个单位之内，便于建立维护和管理。

局域网可以实现文件管理、应用软件共享、打印机共享、工作组内的日程安排、电子邮件和传真通信服务等功能。局域网是封闭型的，可以由办公室内的两台计算机组成，也可以由一个公司内的上千台计算机组成。

（2）城域网。城域网（Metropolitan Area Network，MAN）是在一个城市范围内所建立的计算机通信网。地理范围可以覆盖几十千米内的大量企业、单位，满足内部多个局域网的互联需求。城域网的传输媒介主要采用光缆，传输速率在 100MB/s 以上。

（3）广域网。广域网（Wide Area Network，WAN）又称外网、公网，是连接不同地区局域网或城域网计算机通信的远程网，通常跨接很大的物理范围，所覆盖的范围从几十千米到几千千米，它能连接多个地区、城市和国家，甚至横跨几个洲，并能提供远距离通信，形成国际性的远程网络。广域网并不等同于互联网。

2. 按网络的拓扑结构划分

拓扑源自几何学的概念。网络拓扑是网络形状，或者是网络在物理上的连通性。网络拓扑结构是指互连各种设备的物理布局，用什么方式把网络中的计算机等设备连接起来。这些设备包括网络服务器、工作站等。

拓扑结构的选择常常考虑到网络可靠性需求、费用、可扩展性、响应时间、吞吐量等因素。下面介绍几种常见的网络拓扑结构。

（1）星型。星型结构是一个中心，多个分节点。它结构简单，连接方便，管理和维护都相对容易，而且扩展性强。网络延迟时间较小，传输误差低。中心无故障，一般网络没问题。中心故障，网络就出问题。同时共享能力差，通信线路利用率不高。

（2）总线型。总线拓扑结构采用单根传输线作为传输介质，所有设备连接到一条连接介质上。总线结构所需要的电缆数量少，线缆长度短，易于布线和维护。多个结点共用一条传输信道，信道利用率高。缺点是故障诊断困难。

（3）环型。环型拓扑网络是节点形成一个闭合环。优点是电缆长度短，工作站少，节约设备。缺点是这样就导致一个节点出问题，网络就会出问题，而且不好诊断故障。

（4）树型。树型拓扑从总线拓扑演变而来，形状像一棵倒置的树，顶端是树根，树根以下带分支，每个分支还可再带子分支，树根接收各站点发送的数据，然后再广播发送到全网。优点是组网灵活，好扩展，并且容易诊断隔离故障。

几种网络拓扑结构的示意图如图 8.1 所示。

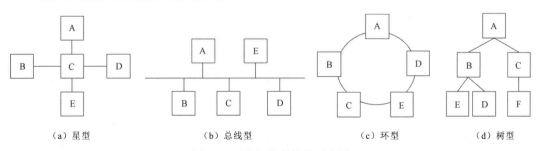

（a）星型　　　　　　（b）总线型　　　　　　（c）环型　　　　　　（d）树型

图 8.1　网络拓扑结构的示意图

8.1.4　计算机网络的体系结构

1978 年，国际标准化组织（ISO）提出了"异种机连网标准"的框架结构，这就是著名的开放系统互联基本参考模型 OSI/RM（Open Systems Interconnection Reference Modle），简称为 OSI。它的规范对所有的厂商是开放的，具有指导国际网络结构和开放系统走向的作用。

计算机网络是按照高度结构化设计方法采用功能分层原理来实现的，这就是计算机网络体系结构的内容。计算机网络体系结构是根据网络协议的层次划分的，同一层中的协议根据该层所要实现的功能来确定。一个计算机网络分为若干层次，处在高层次的系统仅利用较低层次的系统提供的接口和功能，不需了解低层实现该功能所采用的算法和协议；较低层次也仅是使用从高层系统传送来的参数。

计算机网络采用层次式结构的优点：首先是层间的标准接口可以方便实现工程模块化，创建了一个更好的互联环境；其次是降低了复杂度，使程序更容易修改，产品开发的速度更快。

下面介绍一些常见的网络体系结构。

1. OSI 的七层协议体系结构

国际标准化组织（ISO）和国际电报电话咨询委员会（CCITT）共同制定了开放系统互联的七层参考模型。计算机上网的网络过程包括从应用请求到网络介质，OSI 参考模型根据网络过程把功能分成七个层次。OSI 是一个开放性的通信系统互联参考模型，这是一个定义好的协议规范。OSI 模型的七个层从下到上分别是物理层（Physical）、数据链路层（Data Link）、网络层（Network）、传输层（Transport）、会话层（Session）、表示层（Presentation）、应用层（Application）。其中前三层定义了通过网络的端到端的数据流，后四层定义了应用程序的功能。七个层次的主要功能如下。

（1）物理层。物理层主要定义物理设备标准，如网线的接口类型、光纤的接口类型、各种传输介质的传输速率等。物理层包括连接头、帧、帧的使用、电流、编码及光调制等都属于各种物理层规范中的内容。

（2）数据链路层。数据链路层定义了如何让格式化数据进行传输，以及如何控制对物理介质的访问。这一层通常还提供错误检测和纠正，以确保数据的可靠传输。

（3）网络层。网络层在位于不同地理位置的网络中的两个主机系统之间提供连接和路径选择。这层对端到端的包传输进行定义，它定义了能够标识所有结点的逻辑地址，还定义了路由实现的方式和学习的方式。

（4）传输层。传输层定义了一些传输数据的协议和端口号，对从下层接收的数据进行分段和传输，到达目的地址后再进行重组。功能包括是选择差错恢复协议还是无差错恢复协议、对收到的顺序不对的数据包的重新排序功能等。该层的 TCP（Transmission Control Protocol）传输控制协议，传输效率低，可靠性强，用于传输可靠性要求高，数据量大的数据；UDP（User Datagram Protocol）用户数据报协议，与 TCP 特性恰恰相反，用于传输可靠性要求不高、数据量小的数据。

（5）会话层。会话层定义了如何开始、控制和结束一个会话，包括对多个双向消息的控制和管理。通过传输层（传输端口与接收端口）建立数据传输的通路。

（6）表示层。这一层的主要功能是定义数据格式及加密，可确保一个系统的应用层所发送的信息可以被另一个系统的应用层读取。

（7）应用层。应用层是最靠近用户的 OSI 层。这一层为用户的应用程序（例如电子邮件、文件传输）提供网络服务。本地计算机与其他计算机进行通信时，它是对应用程序的通信服务的。它包括的协议有 telnet、http、ftp、nfs、smtp 等。

2. TCP/IP 四层模型

TCP/IP 分层模型被称作因特网分层模型。TCP/IP 协议被组织成四个概念层，每一层与 ISO 参考模型中的相应层的对应关系见表 8.1。

表 8.1　　　　　　　　　　　　计算机网络体系结构

五层体系结构	TCP/IP 四层模型	OSI 的七层协议	该层协议举例
应用层	应用层	应用层	http、ftp、smtp
		表示层	telnet、snmp
		会话层	dns
传输层	传输层	传输层	tcp、udp
网络层	网络层	网络层	ip、arp、icmp
数据链路层	数据链路层	数据链路层	FDDI
物理层		物理层	IEEE802.11

3. 五层体系结构

计算机网络五层协议体系包括应用层、传输层、网络层、数据链路层和物理层。五层协议只是 OSI 七层协议体系结构和 TCP/IP 四层模型的综合。

8.2　计算机网络技术

从逻辑功能上看，计算机网络是以传输信息为基本目的，用通信线路将多个计算机连接起来的计算机系统的集合，一个计算机网络组成包括传输介质和通信设备。

8.2.1　计算机网络的连接

最简单的计算机网络就只有两台计算机和连接它们的一条链路，即两个节点和一条链路。下面介绍网络的传输介质和设备。

1. 网络的传输介质

网络传输介质是网络中发送方与接收方之间的物理通路，它对网络的数据通信具有一定的影响。常用的传输介质有双绞线、同轴电缆、光纤、无线传输媒介。

（1）有线介质。

1）光纤。光纤又称为光缆或光导纤维，由光导纤维纤芯、玻璃网层和能吸收光线的外壳组成。与其他传输介质比较，光纤的电磁绝缘性能好、信号衰减小、频带宽、传输速度快、传输距离大。主要用于要求传输距离较长（可达几百千米）、布线条件特殊的主干网连接，具有不受外界电磁场的影响、无限制的带宽等特点，可以实现每秒万兆位的数据传送，尺寸小，重量轻，价格昂贵。

光纤分为单模光纤和多模光纤。单模光纤（Single ModeFiber，SMF）指在工作波长中，只能传输一个传播模式的光纤，由激光作光源，仅有一条光通路，传输距离长。多模光纤（Multi ModeFiber，MMF）可以传输多种模式的光，由二极管发光，低速短距离。多模光纤传输的距离比较近，一般只有几千米。单模光纤传输距离就远得多，通常可以达到多模光纤的几十倍。单模光纤价格一般比多模光纤昂贵。单模光纤外面护套线颜色一般为黄色，多模光纤外面颜色一般为橘红色。

光纤通信的原理其实不复杂，首先它在发送端要把传送的信息变成电信号；然后调制到激光器发出的激光束上，使光的强度随电信号的幅度（频率）变化而变化，并通过光纤发送出去；在接收端，检测器收到光信号后把它变换成电信号，经解调后恢复原信息。

2）双绞线。双绞线（Twisted Pair，TP）是由两根具有绝缘保护层的铜导线组成的。把两根绝缘的铜导线按一定密度互相绞在一起，每一根导线在传输中辐射出来的电波会被另一根线上发出的电波抵消，有效降低信号干扰的程度。与其他传输介质相比，双绞线在传输距离、信道宽度和数据传输速度等方面均受到一定限制，但价格较为低廉。

● 双绞线的类型

双绞线可分为非屏蔽双绞线（Unshielded Twisted Pair，UTP）和屏蔽双绞线（Shielded Twisted Pair，STP）。非屏蔽双绞线价格便宜，传输速度偏低，抗干扰能力较差。屏蔽双绞线抗干扰能力较好，具有更高的传输速度，但价格相对较贵。双绞线需用 RJ-45 或 RJ-11 连接头插接。

市面上常见的双绞线有五类线、超五类线和六类线。

五类线（CAT5）：主要用于 100BASE-T 和 1000BASE-T 网络，最大网段长为 100m，采用 RJ 形式的连接器。这是最常用的以太网电缆。

超五类线（CAT5e）：超五类衰减小，串扰少，并且具有更高的衰减与串扰比值和信噪比、更小的时延误差，性能得到很大提高。超五类线主要用于千兆以太网。

六类线（CAT6）：该类电缆的传输频率为 1～250MHz，六类线的传输性能远远高于超五类标准，最适用于传输速率高于 1Gb/s 的应用。

双绞线类型数字越大，则版本越新，技术越先进，带宽也越宽，当然价格也越贵。

● 双绞线的制作

双绞线两头是 RJ-45 水晶头，连接一根双绞线，水晶头中双绞线的线序有两种。①标准 568B，白橙—1，橙—2，白绿—3，蓝—4，白蓝—5，绿—6，白棕—7，棕—8；②标准 568A，白绿—1，绿—2，白橙—3，蓝—4，白蓝—5，橙—6，白棕—7，棕—8。

交叉线是指：一端是 568A 标准，另一端是 568B 标准的双绞线。

直连线是指：两端都是 568A 或都是 568B 标准的双绞线。

同一层设备相连，则需使用交叉线。例如，交换机与交换机之间连接，两台 PC 直接相连；路由器接口与其他路由器接口的连接。

不同一层设备相连用，需使用直连线。例如，交换机与路由器连接，计算机（包括服务器和工作站）与交换机连接。

（2）无线介质。无线介质就是空中传播的无线电波。无线电波是指在自由空间（包括空气和真空）传播的射频频段的电磁波。无线电技术是通过无线电波传播声音或其他信号的技术。最常用的无线传输介质有无线电波、微波和红外线。

无线电技术的原理是导体中电流强弱的改变会产生无线电波。通过调制可将信息加载于无线电波之上，当电波通过空间传播到达收信端，电波引起的电磁场变化又会在导体中产生电流。通过解调将信息从电流变化中提取出来，就达到了信息传递的目的。

2. 网络连接设备

（1）网卡。网卡是工作在链路层的网络组件，是局域网中连接计算机和传输介质的接口，又称为网络适配器（Network Adapter）或网络接口卡（Network Interface Card，NIC）。

如果按照网卡支持的计算机种类分类，网卡主要分为标准以太网卡和 PCMCIA 网卡。标准以太网卡用于台式计算机联网，而 PCMCIA 网卡用于笔记本电脑。

按照网卡支持的传输速率分类，网卡主要分为 10Mb/s 网卡、100Mb/s 网卡、10/100Mb/s 自适应网卡和 1000Mb/s 网卡四类。10/100Mb/s 自适应网卡是由网卡自动检测网络的传输速率，保证网络中两种不同传输速率的兼容性。

无线网卡（无线网络适配器）是具有无线连接功能的局域网卡，它的作用跟普通电脑网卡一样，是用来连接到局域网上的。它只是一个信号处理的设备，只有在找到无线网络时，才能实现与计算机网络的连接。

MAC 地址又称计算机的硬件地址，被固化在网卡上。MAC 地址可以用来唯一区别一台计算机，它在全球是独一无二的。一台设备若有一个或多个网卡，则每个网卡都会有一个唯一的 MAC 地址。在 OSI 模型中，第三层网络层负责 IP 地址，第二层数据链接层则负责 MAC 地址。

（2）交换机。交换机的英文 switch 是转换、开关的意思，指的是一种用于电（光）信号转发的网络设备。它可以为接入交换机的任意两个网络节点提供独享的电信号通路。最常见的交换机是以太网交换机。交换机的主要功能包括物理编址、网络拓扑结构、错误校验、帧序列以及流控。交换机还具备了一些新的功能，如对 VLAN（虚拟局域网）的支持、对链路汇聚的支持，甚至有的还具有防火墙的功能。

交换机工作在数据链路层，拥有一条很高带宽的背部总线和内部交换矩阵。交换机的所有端口都挂接在这条背部总线上，控制电路收到数据包以后，处理端口会查找内存中的地址对照表以确定目的 MAC 挂接在哪个端口上，通过内部交换矩阵迅速将数据包传送到目的端口，目的 MAC 若不存在，则广播到所有的端口。交换机了解每一端口相连设备的 MAC 地址，并将地址同相应的端口映射起来存放在交换机缓存中的 MAC 地址表中。

交换机广义上分为广域网交换机和局域网交换机。广域网交换机主要应用于电信领域，提供通信用的基础平台。而局域网交换机则应用于局域网络，用于连接终端设备。从传输介质和传输速度上交换机可分为以太网交换机、快速以太网交换机、千兆以太网交换机、FDDI 交换机、ATM 交换机和令牌环交换机等。按照现在复杂的网络构成方式，网络交换机被划分为接入层交换机、汇聚层交换机和核心层交换机。

交换机的传输模式有全双工、半双工、全双工/半双工自适应。全双工是指发送数据的同时也能够接收数据，两者同步进行。

选购交换机时，从技术角度来说，与交换机性能密切相关的因素主要有背板带宽、包转发率、交换方式、端口类型、端口速率、端口密度、冗余模块、堆叠能力、VLAN 数量、

MAC 地址数量、三层交换能力等。

（3）路由器。路由器（Router）是连接因特网中各局域网、广域网的设备，是互联网络的交通警察。路由器是一种多端口设备，它可以连接不同传输速率、不同协议，并运行于各种环境的局域网和广域网。它会根据信道的情况自动选择和设定路由，以最佳路径，按前后顺序发送信号。路由器工作于网络层，指导从一个网段到另一个网段的数据传输，能将不同网络或网段之间的数据信息进行"翻译"，以使它们能够相互"读懂"对方的数据，从而构成一个更大的网络。

路由器的功能包括：网络互连，实现不同网络互相通信；数据处理，提供包括分组过滤、分组转发、优先级、复用、加密、压缩和防火墙等功能；网络管理，提供包括路由器配置管理、性能管理、容错管理和流量控制等功能。

路由器工作过程是：一个接口接收到一个数据包时，会查看包中的目标网络地址以判断该包的目的地址在当前的路由表中是否存在，如果目标地址与本路由器的某个接口所连接的网络地址相同，那么数据转发到相应接口；如果目标地址不是自己的直连网段，路由器会查看自己的路由表，查找包的目的网络所对应的接口，并从相应的接口转发出去；如果路由表中记录的网络地址与包的目标地址不匹配，则根据路由器配置转发到默认接口，在没有配置默认接口的情况下会给用户返回目标地址不可达的 ICMP 信息。

路由分为静态路由、动态路由和直连路由三种来源。静态路由是由管理员在路由器上进行手工配置的固定的路由；动态路由是网络中的路由器之间根据实时网络拓扑变化，相互通信传递路由信息，利用收到的路由信息通过路由选择协议计算，更新路由表的过程。

路由器和交换机之间的主要区别：首先是交换机工作在数据链路层，而路由器工作在网络层，交换机一般用于连接以太网，路由器则能将各种不同的网络类型互相连接起来；其次是路由器具有路径选择能力，从一个节点到另一个节点，可能有许多路径，路由器可以选择通畅的最短路径，交换机不具备这个性能。

3. 网络接入方式

网络接入是通过特定的信息采集与共享的传输通道，利用电话线拨号接入（PSTN）等传输技术完成用户与 IP 广域网的高带宽、高速度的物理连接。传输介质分为有线传输介质和无线传输介质两大类，相应的网络接入方式也分为有线接入和无线接入。

（1）有线接入。有线接入是通过有线传输介质实现的物理连接，如双绞线、同轴电缆和光纤。接入技术包括电话线拨号接入（PSTN）、ISDN 等。

电话线拨号接入（PSTN）是家庭用户接入互联网的窄带接入方式。通过电话线，利用当地运营商提供的接入号码，拨号接入互联网。家庭利用有效的电话线及调制解调器连接的客户端计算机完成接入。

ISDN 采用数字传输和数字交换技术，将电话、传真、数据、图像等多种业务综合在一个统一的数字网络中进行传输和处理。用户利用一条 ISDN 用户线路，可以在上网的同时拨打电话、收发传真。

ADSL 接入可以充分利用现有的电话线网络，通过在线路两端加装 ADSL 设备便可为用户提供宽带服务；它可以与普通电话线共存于一条电话线上，接听、拨打电话的同时能进行 ADSL 传输，又互不影响。

HFC 基于有线电视网络铜线资源，具有专线上网的连接特点，允许用户通过有线电视网实现高速接入互联网。

光纤宽带接入是通过光纤接入到小区节点或楼道交换机，再由网线连接到各个共享点上，是现在接入互联网的一种常用方式。

（2）无线接入。无线网络（Wireless Network）是采用无线通信技术实现的网络。无线接入方式用于移动计算机、移动电话和 PDA 等移动设备的网络接入。国内应用的无线网络分为通过公众移动通信网实现的无线网络（如 4G、5G 或 GPRS）和无线局域网（Wi-Fi）。

利用无线局域网，用户与几十米半径内的基站（无线接入点）之间传输数据，基站与有线的因特网连接，为无线用户提供连接有线网络的服务。基站由电信提供商管理，则可以为数十千米半径内的用户提供服务。

利用公众移动通信网实现的无线网络手机，漫游的用户可利用移动电话接入基站。

8.2.2 计算机网络的访问

1. 网络操作系统

计算机连入网络后，还需要安装操作系统软件才能实现资源共享和管理网络资源，如 UNIX、Linux、Windows Server 等。

2. 网络传输协议

计算机网络由多个互连的结点组成，结点之间要不断地交换数据和控制信息。要做到有条不紊地交换数据，每个结点就必须遵守一整套合理而严谨的结构化管理体系。对于复杂的计算机网络系统，不同系统的实体在通信时都必须遵从相互均能接受的规则（如数据传输的顺序、数据的格式及内容等方面的规则），才能允许不同系统实体互连和互操作，这些规则的集合称为协议（Protocol）。

（1）协议的类型。网络协议是规定在网络中进行相互通信时需遵守的规则，只有遵守这些规则才能实现网络通信，常见的协议有 TCP/IP 协议、IPX/SPX 协议、NetBEUI 协议等。

网络用户常常接触的有以下几种协议：

网络管理协议（Simple Network Management Protocol，SNMP）：是 TCP/IP 协议中的一部分，为本地和远端的网络设备管理提供了一个标准化途径，是分布式环境中的集中化管理的重要组成部分。

Telnet 远程登录服务协议：Telnet 协议的目的是提供一个相对通用的、双向的、面向八位字节的通信方法，允许界面终端设备能通过一个标准过程进行互相交互。应用 Telnet 协议能够把本地用户所使用的计算机变成远程主机系统的一个终端。

地址解析协议（Address Resolution Protocol，ARP）：用于映射计算机的物理地址和临时指定的网络地址。

动态主机配置协议（Dynamic Host Configuration Protocol，DHCP）：在 TCP/IP 网络上使客户机获得配置信息的协议，在安装和使用 TCP/IP 协议进行通信时，必须配置 IP 地址、子网掩码、缺省网关三个参数，这三个参数可以手动配置，也可以使用 DHCP 自动配置。

文件传输协议（File Transfer Protocol，FTP）：在计算机和网络之间交换文件的最简单的方法。可以在 DOS 界面使用 FTP，也可以使用 FTP 软件来登录服务器。

简单邮件传送协议（Simple Mail Transfer Protocol，SMTP）：用来发送电子邮件的TCP/IP协议。邮件可以通过跨网络进行邮件传送。

（2）IP 地址。IP 地址是 IP 协议提供的一种统一的地址格式，它为互联网上的每一个网络和每一台主机分配一个逻辑地址，以此来屏蔽物理地址的差异。IP 地址是一个 32 位的二进制数，通常被分割为 4 个"8 位二进制数"（也就是 4 个字节）。IP 地址通常用"点分十进制"表示成（a.b.c.d）的形式，其中 a、b、c、d 都是 0～255 之间的十进制整数。

1）IP 地址的划分。IP 地址编址方案将 IP 地址空间划分为 A、B、C、D、E 五类，其中 A、B、C 是基本类，D、E 类作为多播和保留使用。

A 类地址以 0 开头，第一个字节作为网络号，地址范围是 0.0.0.0～127.255.255.255。

B 类地址以 10 开头，前两个字节作为网络号，地址范围是 128.0.0.0～191.255.255.255。

C 类地址以 110 开头，前三个字节作为网络号，地址范围是 192.0.0.0～223.255.255.255。

D 类地址以 1110 开头，地址范围是 224.0.0.0～239.255.255.255，D 类地址作为组播地址（一对多的通信）。

E 类地址以 1111 开头，地址范围是 240.0.0.0～255.255.255.255，E 类地址为保留地址，供以后使用。

IP 地址中要了解网络地址、广播地址、回环地址、私有地址的区别。

IP 地址由网络号（包括子网号）和主机号组成，网络地址的主机号为全 0，网络地址代表着整个网络。只有 A、B、C 有网络号和主机号之分，D 类地址和 E 类地址没有划分网络号和主机号。

广播地址与网络地址的主机号正好相反。广播地址中，主机号为全 1。当向某个网络的广播地址发送消息时，该网络内的所有主机都能收到该广播消息。

回环地址是 127.0.0.0/8，回环地址表示本机的地址，常用于对本机的测试，用得最多的是 127.0.0.1。

私有地址叫专用地址，它们不会在全球使用，属于非注册地址，专门为组织机构内部使用，只具有本地意义。A 类私有地址范围是：10.0.0.0～10.255.255.255；B 类私有地址范围是：172.16.0.0～172.31.255.255；C 类私有地址范围是：192.168.0.0～192.168.255.255。

2）IP 地址与 MAC 地址。IP 地址与 MAC 地址两个概念常常成对出现。两者之间分工明确，默契合作，完成通信过程。IP 地址专注于网络层，将数据包从一个网络转发到另外一个网络；而 MAC 地址专注于数据链路层，将一个数据帧从一个节点传送到相同链路的另一个节点。如果一台计算机要和网络中另一外计算机通信，那么要配置这两台计算机的 IP 地址，MAC 地址是网卡出厂时设定的，这样配置的 IP 地址就和 MAC 地址形成了一种对应关系。在数据通信时，IP 地址负责表示计算机的网络层地址，网络层设备（如路由器）根据 IP 地址来进行操作；MAC 地址负责表示计算机的数据链路层地址，数据链路层设备（如交换机）根据 MAC 地址来进行操作。IP 和 MAC 地址这种映射关系由 ARP 协议完成。

IP 地址和 MAC 地址相同点是它们都唯一。不同的特点主要有：

第一，对于网络上的某一设备，改动 IP 地址是很容易的（但必须唯一），而 MAC 则是生产厂商烧录好的，一般不能改动。

第二，长度不同。IP 地址为 32 位，MAC 地址为 48 位。

第三，分配依据不同。IP 地址的分配是基于网络拓扑，MAC 地址的分配是基于制造商。

第四，寻址协议层不同。IP 地址应用于 OSI 第三层，即网络层；而 MAC 地址应用在 OSI 第二层，即数据链路层。

3）IPv4 与 IPv6。物联网的发展使得每个设备连接到 Internet 均需要分配一个 IP 地址，用于数据交换查询。这样 IPv4 地址的需求量越来越大，使得 IPv4 地址的发放愈趋严格，IPv4 地址已经即将用光。为了扩大地址空间提出了 IPv6 互联网协议，也是下一代互联网的协议，几乎可以不受限制地提供地址。IPv4 地址长度是 32，支持的物理地址是 $2^{32}-1$ 个地址；IPv6 地址的长度是 128，支持的物理地址是 $2^{128}-1$ 个地址。

目前的 Windows 7 或 Windows 10 系统而言，两种协议是同时支持的。

3. 网络服务功能

网络为用户提供了多种多样的服务功能，下面介绍几个常用的网络服务功能。

（1）通信服务。传统的通信网是电话交换网。现代的网络通信服务是以通信设备和相关工作程序有机建立的系统，是提供各类通信服务的总和。网络通信服务将各个孤立的设备进行物理连接，实现人与人、人与计算机、计算机与计算机之间进行信息交换的链路，从而达到资源共享和通信的目的。

（2）域名服务。域名是由一串用点分隔的名字组成的网络上某一台计算机或计算机组的名称，用于在数据传输时标识计算机的电子方位，例如 www.tsinghua.edu.cn。

域名服务系统 DNS 提供了互联网的一项核心服务，它是将域名和 IP 地址相互映射的一个分布式数据库，使得用户更方便地访问互联网，而不用去记住能够被机器直接读取的 IP 地址数串。

域名由因特网域名与地址管理机构（Internet Corporation for Assigned Names and Numbers，ICANN）管理，这是为承担域名系统管理、IP 地址分配、协议参数配置，以及主服务器系统管理等职能而设立的非营利机构。ICANN 为不同的国家或地区设置了相应的顶级域名，这些域名通常都由两个英文字母组成，例如 CA（加拿大）、UK（英国）、JP（日本）、DE（德国）、AU（澳大利亚），在 US（美国）域中，对 50 个州中的每一个都有一个两字母的代码名。

此外还有一些特定的顶层域名，例如 GOV（政府部门）、TECH（科技）、EDU（教育机构）、ORG（非盈利型组织）、COM（商业）等。

（3）文件服务。网络文件系统（Network File System，NFS）是通过网络让不同的主机之间可以共享文件或目录的网络服务，它能使用户访问网络上其他主体或服务器文件，就像在使用本地计算机一样。

NFS 的客户端可以读写位于远端 NFS 服务器上的文件，就像访问本地文件一样，它为用户带来了以下好处。首先，用户把数据存放在 NFS 服务器上节省了本地存储空间；其次，用户不需要在每个客户端上都建立文件目录，使用任何客户端操作 NFS 服务器的文件目录就可以了；然后，用户在客户端完成的工作数据可以备份保存到 NFS 服务器上用户自己的路径下；最后，所有客户端用户可以共享设备。

（4）网络打印服务。网络打印服务是指通过打印服务器（内置或者外置）将打印机作为独立的设备接入网络，成为一个独立的网络节点和输出终端，网络中的其他计算机或服务器等成员可以直接访问使用该打印机。网络打印使得打印机不再是单独某个计算机的外设，而是网络中的独立成员。

网络打印机要接入网络有两种方式。一种是打印机内置打印服务器，打印服务器上有网络接口，只需插入网线分配 IP 地址就可以了；另一种是打印机使用外置的打印服务器，打印机通过并口或 USB 口与打印服务器连接，打印服务器再与网络连接。

8.2.3 计算机网络的配置

1. 网络地址的配置

一个单位的网络管理员在分配网络地址的过程中，首先是对局域网进行子网划分，确定要划分子网数以及每个子网的主机数。子网划分是通过 IP 地址的若干位主机位来充当子网地址，从而将原来的网络分为若干个彼此隔离的子网。前面介绍过 Internet 组织机构定义了 5 种 IP 地址，用于主机的有 A、B、C 三类地址，网络管理员可以把基于每类的 IP 网络进一步分成更小的网络，每个子网由路由器界定并分配一个新的子网网络地址，子网地址是借用基于每类的网络地址的主机部分创建的。划分子网后，通过使用掩码，把子网隐藏起来，使得从外部看网络没有变化，这就是子网掩码。

子网掩码是 32 位二进制地址，和 IP 地址一样也是使用点分十进制来表示，每一位 1代表该位是网络位，每一位 0 代表主机位。子网掩码标志两个 IP 地址是否同属于一个子网，如果两个 IP 地址分别和子网掩码进行按位"与"的计算后结果相同，即表明它们共属于同一子网中。

网关是一种充当转换重任的计算机系统或设备。在不同的通信协议、体系结构之间充当翻译器。配置默认网关可以在 IP 路由表中创建一个默认路径。一台主机如果找不到可用的网关，就把数据包发给默认指定的网关，由这个网关来处理数据包。

用户在进行计算机的网络配置时，打开控制面板中的网络连接，右键单击"本地连接"，选择"属性"，调出属性窗口后，在 IPv4 网络中选择"Internet 协议版本 4（TCP/IPv4）"双击，打开网络地址配置窗口，输入 IP 地址、子网掩码、默认网关、DNS 信息，如图 8.2 所示。

其中的"自动获得 IP 地址"是自动设置，自动设置就是利用 DHCP 服务器来自动给网络中的电脑分配 IP 地址、子网掩码和默认网关。

2. 网络共享资源的配置

网络共享资源就是以计算机等终端设备为载体，借助互联网进行信息交流和资源共享。网络共享资源的应用很多，例如：网络共享软件是用户得到共享软件作者的授权，可以使用或试用共享软件；网络共享打印是指通过打印服务器将打印机作为独立的设备接入局域网或者 Internet，用户可以直接访问使用该打印机。

局域网资源共享在日常办公中是应用非常广泛的，用户在计算机上设置其他成员可以访问的共享文件操作如下：

首先要在本地主机设置 Guest 账户的权限。操作是：右键点击"我的电脑"，选择"管理"，在"本地用户和组"中把 Guest 属性下面"账（帐）户禁用"前面的对勾去掉；打开"控制面板"的"管理工具"，选择"本地安全策略"，在"本地策略"下的"用户权限分配"中点击"从网络访问此计算机"，查看对话框中是否有 Guest 账户，如果没有则点击"添加用户或组"添加 Guest 到列表中；再打开"拒绝从网络访问此计算机"查看列表中是否有 Guset 账户，如有则把它删除。本地安全策略设置如图 8.3 所示。

图 8.2　计算机的网络配置

图 8.3　本地安全策略设置

　　然后打开"控制面板"的"网络和共享中心"，在"更改高级共享设置"中，选择"启用网络发现"和"启用文件和打印机共享"，保存设置。在"控制面板"的"Windows防火墙"中选择"启用或关闭 Windows 防火墙"按钮，选择关闭 Windows 防火墙，确定退出。防火墙设置如图 8.4 所示。

自定义各类网络的设置

你可以修改使用的每种类型的网络的防火墙设置。

专用网络设置

✓ ◉ 启用 Windows Defender 防火墙
　　☐ 阻止所有传入连接，包括位于允许应用列表中的应用
　　☑ Windows Defender 防火墙阻止新应用时通知我

✗ ○ 关闭 Windows Defender 防火墙(不推荐)

公用网络设置

✓ ◉ 启用 Windows Defender 防火墙
　　☐ 阻止所有传入连接，包括位于允许应用列表中的应用
　　☑ Windows Defender 防火墙阻止新应用时通知我

✗ ○ 关闭 Windows Defender 防火墙(不推荐)

图 8.4　防火墙设置

最后设置共享文件就可以了。选择需要共享的文件夹或硬盘，右击"属性"按钮，点击"共享"，把"高级共享"中的"共享此文件夹"勾选上，设置好权限，点击应用完成。

网络其他成员要访问共享文件，使用快捷键同时按下 Win 键+R 键，打开"运行"窗口，输入"\\IP"（即双斜杠加共享文件的主机 IP 地址），就可以看到共享文件夹了。

8.3　计算机网络应用

计算机网络应用主要包括以下几个方面：网站浏览，这是一种建立在超文本基础上的浏览、查询网络信息的方式，网页将文本、超媒体、图形和声音结合在一起浏览交互；电子邮件 E-mail，这是一种用电子手段提供信息交换的通信方式；远程登录 Telnet，这是一种为用户提供在本地计算机上登录操作远程主机的服务；文件传输 FTP，这是用于通过控制文件的双向传输服务，用户可以使用下载和上传两种方式分别从远程主机传输文件至本地计算机，或者将文件从本地计算机中传输至远程主机上。

8.3.1　浏览器的使用

浏览器是一种用于检索并展示互联网信息资源的应用程序，这些信息资源可以是网页、图片、影音或其他内容。信息资源中的超链接可使用户方便地浏览相关信息。

目前主流网页浏览器有搜狗、360、Mozilla Firefox、Internet Explorer（IE）、Microsoft Edge、Google Chrome、Opera 及 Safari 等。

1. IE 浏览器的常用操作

（1）网址的输入。在图 8.5 中数字 1 所表示的地址栏中输入网址，回车即可登录相应的网站。

（2）网址的收藏。在图 8.5 中数字 2 处，点击表示收藏的五角星按钮，就可调出"添加到收藏夹"菜单，选择收藏夹即可收藏当前地址。收藏夹如图 8.6 所示。

（3）网页的保存。在图 8.5 中数字 2 处，点击"设置"按钮，即可调出数字 3 的菜单，点击"文件"的"另存为"按钮，就可以保存文件，在弹出的对话框中，可以选择保存文件的类型，例如 htm 格式，如图 8.7 所示。

图 8.5　Internet Explorer 11 的浏览器界面

图 8.6　收藏夹　　　　　　　　　　　　　图 8.7　保存网页

（4）Internet 属性的设置。在图 8.5 中数字 4 处，"设置"按钮菜单下，点击"Internet 选项"按钮，即可进行 Internet 属性的设置，如图 8.8 所示，可以设置 IE 浏览器的主页、标签页、浏览历史记录的删除设置等。

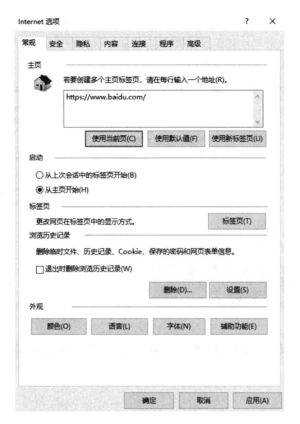

图 8.8　Internet 选项

2. 其他常见浏览器

（1）搜狗高速浏览器（图 8.9）。

图 8.9　搜狗高速浏览器

（2）Google Chrome 浏览器（图 8.10）。

图 8.10　Google Chrome 浏览器

（3）360 浏览器（图 8.11）。

图 8.11　360 浏览器

8.3.2　电子邮件的使用

电子邮件是一种用电子手段提供信息交换的通信方式，用户可以用电子邮件传送文字、图像、声音等多种形式的文件内容。同时，用户可以得到大量免费的新闻、专题邮件，并实现轻松的信息搜索。

1. 电子邮箱的注册

注册电子邮箱第一步是要选择电子邮件服务商，用户要根据使用电子邮件的目的有针对性地去选择。例如：常与国际用户联络和国际网址注册的用户可以选择 Gmail 等；把电子邮件当作网络硬盘使用，可以选择有网盘功能的邮箱，比如 163 mail、126 mail 等。

　　注册 163 电子邮箱，首先要登录 163 邮件网站，在 IE 浏览器中输入 www.163.com 的网址，点击"注册"，进入以下注册页面，填写带星号的部分，即可注册账号，如图 8.12 所示。

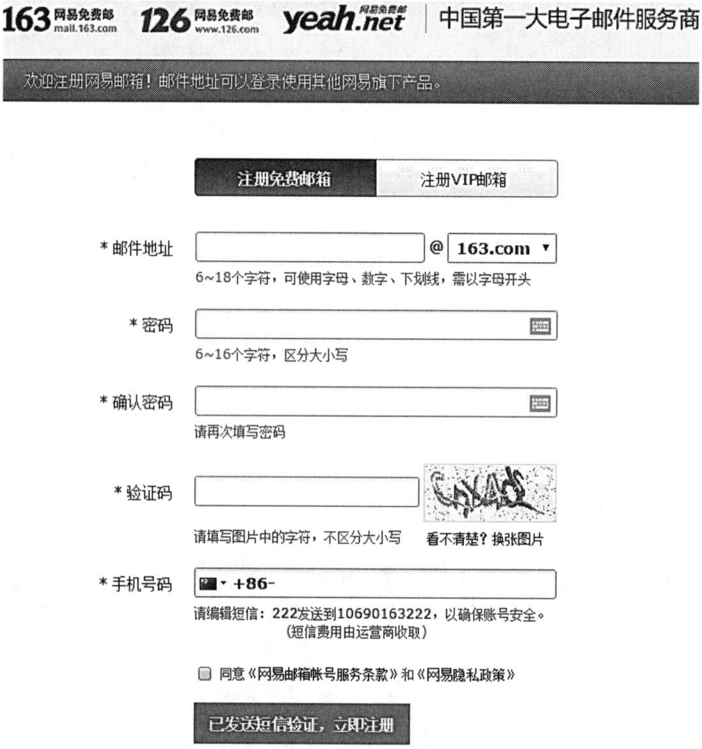

图 8.12　注册电子邮箱

　　2. 电子邮箱的登录方式

　　（1）网页登录。在浏览器中登录电子邮箱服务商的网址，输入注册好的用户名和密码，即可登录邮箱。

　　（2）使用电子邮箱管理软件登录。常用的微软办公软件 Microsoft Outlook 可管理多个邮箱，只需要把不同的邮箱账户添加到 Outlook 中即可。

　　在 Outlook 中添加电子邮箱账户，需要选择"文件"的"添加账（帐）户"按钮，在弹出的对话框中输入姓名、电子邮箱地址和邮箱密码，如图 8.13 所示。添加成功后，即可在 Outlook 中进行收发邮件的操作。

　　3. 电子邮件的收发

　　登录电子邮箱后，在邮箱左侧有"收信"按钮，点击可以查收邮件；左侧的"写信"按钮，点击可以进入邮件文本编辑状态，并可以通过添加附件的方式，发送文件，如图 8.14 所示。

　　4. 通讯录的管理

　　登录电子邮箱后，点击"通讯录"按钮可以进入通讯录编辑状态，通过"新建联系人"可以建立通讯录中的名单，如图 8.15 所示。

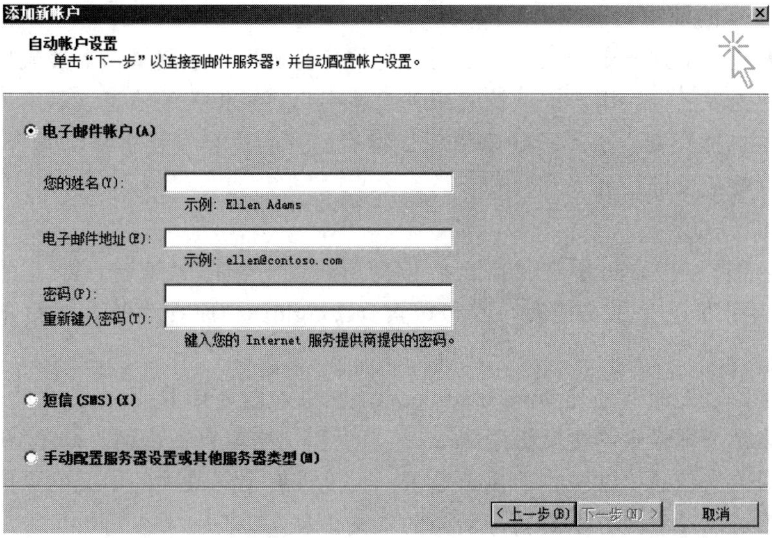

图 8.13 添加电子邮箱帐户

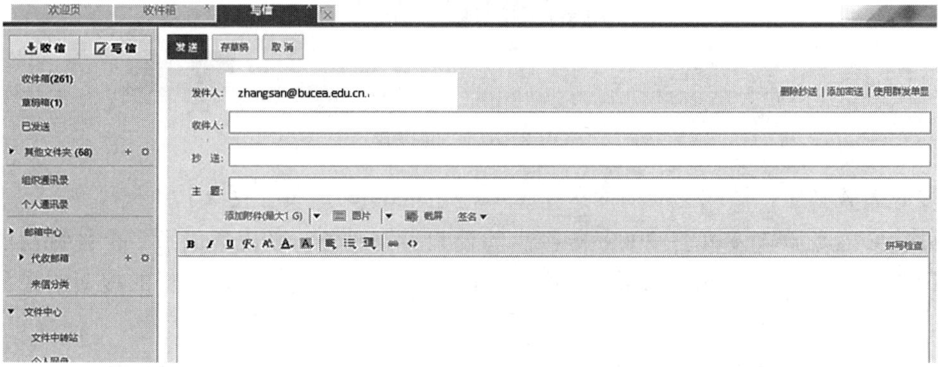

图 8.14 收发电子邮件

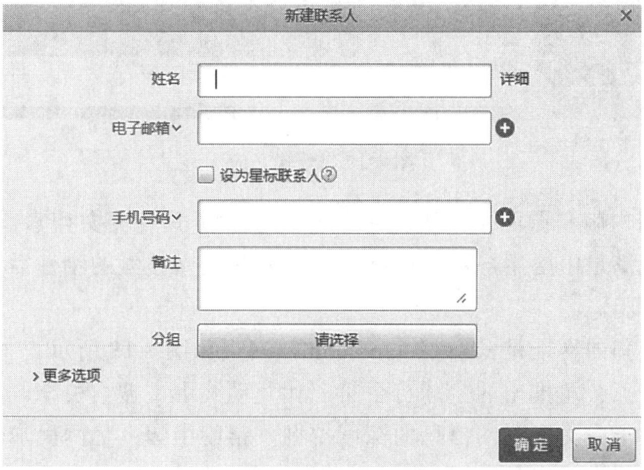

图 8.15 管理通讯录

8.3.3　搜索引擎的使用

搜索引擎是指根据一定的策略、运用特定的计算机程序从因特网上搜集信息，再对信息进行组织和处理后，为用户提供检索服务，将用户检索相关的信息展示给用户的系统。

搜索引擎包括全文索引、目录索引、元搜索引擎、垂直搜索引擎、集合式搜索引擎、门户搜索引擎与免费链接列表等。

1. 常见搜索引擎

2018 年，百度搜索引擎在我国国内市场所占的份额排名第一。除了百度，国内用户常用的搜索引擎还有 360 搜索、搜狗搜索、Google、必应搜索等。下面介绍三个常用搜索网站。

（1）百度。百度的网址是 www.baidu.com，网页如图 8.16 所示。

百度搜索是全球最大的中文搜索引擎，"百度"二字取自古诗词"众里寻他千百度"，象征着百度对中文信息检索技术的执着追求。百度拥有全球最大的中文网页库，用户通过百度搜索引擎可以搜到世界上最新、最全的中文信息。

图 8.16　百度搜索

（2）微软必应。微软必应的网址是 www.bing.com，网页如图 8.17 所示。

微软必应是微软公司于 2009 年推出的搜索引擎服务。必应集成了多个独特功能，包括每日首页美图，与 Windows 8.1 深度融合的超级搜索功能，以及崭新的搜索结果导航模式等。

图 8.17　微软必应

微软必应有国内版和国际版，因为中国存在着大量具有英文搜索需求的互联网用户。必应国际版更好地满足中国用户对全球搜索，特别是英文搜索的刚性需求，实现稳定、愉悦、安全的用户体验。

（3）搜狗。搜狗的网址是 www. sogou.com，网页如图 8.18 所示。

搜狗搜索是搜狐公司推出的全球首个第三代互动式中文搜索引擎。它是中国领先的中文搜索引擎，致力于中文互联网信息的深度挖掘，帮助中国上亿网民加快信息获取速度。搜狗网站提供了一些实用工具，例如天气预报、手机号码、IP 地址等，还可以直接进行搜索音乐、搜索地图、股票查询、邮编查询等。

图 8.18 搜狗搜索

2. 搜索内容的输入

在搜索引擎中输入关键词，然后点击"搜索"就行了，系统很快会返回查询结果，这是最简单的查询方法，使用方便，但是查询的结果却不一定准确，可能包含着许多无用的信息。

3. 搜索的相关设置

如果用户对搜索内容的精度要求高，就需要对搜索进行相关的设置，进行高级设置来搜索更精确的内容，搜索设置包括但不限于以下方法：

（1）使用双引号设置，在关键词上加上半角状态下的双引号实现精确的查询，查询结果精确匹配。

（2）使用加号和减号，在关键词的前面使用加号，表示搜索内容必须同时包括所有关键词；在关键词的前面使用减号，表示搜索内容必须不能出现该关键词。

（3）使用通配符星号（*）和问号（?），前者表示匹配的字符数量不受限制，后者表示匹配的字符数要受到限制，一个问号匹配一个字符。

（4）使用布尔检索，用布尔逻辑关系来表达关键词与关键词之间逻辑关系，布尔检索可以输入多个关键词，各个关键词之间的关系可以用逻辑关系词来表示。and 表示逻辑"与"，用 and 连接的两个词必须同时出现在查询结果中；or 表示逻辑"或"，or 连接的两个关键词至少必须有一个出现在查询结果中；not 表示逻辑"非"，not 连接的两个关键词必须包含第一个关键词并且排除第二个关键词。

不同的搜索引擎还会给出其他不同的搜索设置选项，可以根据需要使用，如图 8.19 所示。

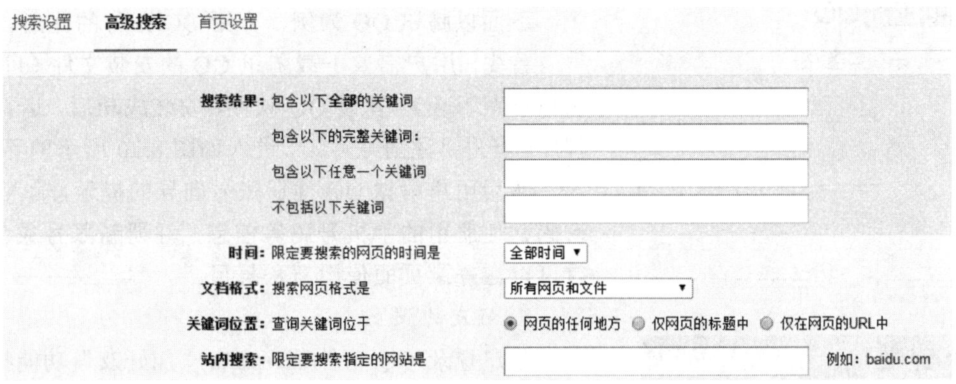

图 8.19 百度搜索的高级搜索选项

8.3.4 网络通信工具的使用

网络即时通信工具是一类基于互联网的安全高效的即时通信工具。网络即时通信软件具有发送消息、文件传输、远程协助、语音聊天、网络会议等功能，即时通信软件能够很好地帮助大家进行内部的沟通。

1. 常用网络通信工具

下面介绍几个常用的网络通信工具。

（1）钉钉是阿里巴巴集团专为企业打造的一个专业通信、协同办公平台，它可以用于企业人员沟通和协同的多端平台，提供 PC 版、Web 版和手机版，支持手机和电脑间文件互传。钉钉的功能包括企业通讯录、钉钉数字化人脉、视频电话会议等。

（2）ICQ 是一款即时通信软件，即"I SEEK YOU"的意思。ICQ 支持在 Internet 上聊天、发送消息和文件等。不过在中文即时通信工具中的竞争力不是很强。除了常用的聊天功能以外，ICQ 还提供了文件传输、语音聊天、视频聊天、联系人管理、文件共享等功能。ICQ 是一套跨操作系统平台使用的软件，支持 Windows、Linux、MacOS 操作系统。

（3）腾讯 QQ 是腾讯公司开发的一款基于 Internet 的即时通信软件。目前 QQ 已经覆盖 Microsoft Windows、OS X、Android、iOS、Windows Phone 等多种主流平台。QQ 支持在线聊天、视频聊天以及语音聊天、点对点断点续传文件、共享文件、网络硬盘、自定义面板、远程控制、QQ 邮箱、传送离线文件等多种功能。同时，QQ 还可以与移动通信终端、IP 电话网、无线寻呼等多种通信方式相连。QQ 是现在中国被使用次数最多的通信工具，用户状态分为不在线、离线、忙碌、请勿打扰、离开、隐身、在线等，还可以自己编辑 QQ 状态。

（4）微信是腾讯公司推出的一个为智能终端提供即时通信服务的免费应用程序。微信支持跨通信运营商、跨操作系统平台，通过网络快速发送免费语音短信、视频、图片和文字。微信作为时下最热门的社交信息平台，可以在手机等智能终端使用，也可以登录微信电脑版通过网络进行通信。微信提供公众平台、朋友圈、消息推送等功能，用户可以通过"摇一摇"、"搜索号码"、"附近的人"、扫二维码方式添加好友和关注公众平台，同时微信将内容分享给好友以及将用户看到的精彩内容分享到微信朋友圈。

欢迎注册QQ

每一天，乐在沟通。　　　免费靓号

昵称

密码

+86　｜　手机号码

可通过该手机号找回密码

立即注册

图 8.20　注册 QQ 账号

2. 网络通信工具的账号注册

下面以腾讯 QQ 为例，介绍 QQ 账号的注册。

首先，用户需要下载腾讯 QQ 的安装文件（可以在腾讯官网下载），安装 QQ 软件，安装成功后，运行 QQ 程序，点击"注册账号"，进入如图 8.20 所示的界面。

然后用户根据 QQ 注册账号向导的提示，输入昵称、密码、注册用的手机号码等信息，注册新账号成功后，就可以在登录页面使用新账号了。

3. 好友的设置

用户登录 QQ 软件后，点击"加好友"功能按钮，就可以打开查找页面，在"找人"选项卡中，输入好友的 QQ 号码或者手机号、邮箱就可以查找到好友，并加为好友。在"找群"选项卡中,输入 QQ 群号或名称,就可以查找到 QQ 群,并申请加入,如图 8.21 所示。

图 8.21 添加 QQ 好友

4. 群的设置

用户登录 QQ 软件后,可以申请建立新群,在 QQ 界面中找到群聊选项卡,点击加号后会出现"创建群聊"功能按钮,如图 8.22 所示。

打开"创建群"选项卡,选择群的类别后,填写群相关的信息,如图 8.23 所示。最后添加自己的好友到群里,就可以和好友在新建的 QQ 群里交流了。

图 8.22 搜索 QQ 群

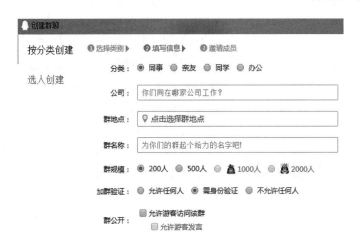

图 8.23 创建 QQ 群

5. 文件的传输

当用户需要在 QQ 中进行文件传输时,首先双击好友头像,打开与好友的聊天框,在聊天框选择"发送文件/文件夹",即可发送文件或文件夹给好友;然后好友在自己的 QQ 上选择接收文件,就可以完成文件的传输,如图 8.24 所示。

图 8.24 在 QQ 中传输文件

8.3.5　网络存储的使用

网络存储是一种基于网络的数据存储方式。网络存储又叫作网盘，是由互联网公司推出的在线存储服务，管理员为用户在网络机房的存储上划分一定的磁盘空间，为用户免费或收费提供文件的存储、访问、备份、共享等文件管理等功能，并且拥有高级的世界各地的容灾备份。用户可以把网盘看成一个放在网络上的硬盘，用户只要连接到互联网就可以管理操作网盘内容。

1. 网络存储工具

下面介绍两个常用的网盘。

（1）百度网盘。网址是：https://pan.baidu.com/。

百度网盘是百度公司推出的一项云存储服务，已覆盖主流 PC 和手机操作系统，包含 Web 版、Windows 版、Mac 版、Android 版、iPhone 版和 Windows Phone 版。用户可以将自己的文件上传到网盘上，并可跨终端随时随地查看和分享。百度网盘个人版是百度面向个人用户的网盘存储服务，包括网盘、个人主页、群组功能、通讯录、相册等功能。

（2）360 云盘。网址是：https://yunpan.360.cn/。

360 云盘是奇虎 360 科技的分享式云存储服务产品，为广大普通网民提供了存储容量大、免费、安全、便携、稳定的跨平台文件存储、备份、传递和共享服务。360 云盘可以存储照片、文档、音乐、视频、软件、应用等各种内容。

2. 网络存储的帐号注册

网络存储需要到相应的服务提供商那里注册账号，这里以百度网盘为例，用户登录百度云盘的网址，选择"立即注册"，即可进入以下的注册界面，输入手机号、用户名、密码等信息，即可免费注册帐号，如图 8.25 所示。

图 8.25　注册百度网盘帐号

3. 文件的上传和下载

用户成功注册百度网盘账号后，即可用账号密码登录。图 8.26 是登录后的界面，点击"上传"就可以在本地电脑或其他客户端上选择文件或文件夹上传，上传成功后就可以在全部文件中看到文件列表。

图 8.26　利用百度网盘上传文件

用户如果想下载使用已经上传的文件，可以先选中文件列表左边的小方框，方框内出现对勾，表示文件被选中了；然后用户点击界面上方工具栏中的"下载"按钮，就可以下载网盘中的文件到本地电脑或其他客户端了，如图 8.27 所示。

图 8.27 利用百度网盘下载文件

8.3.6 移动网络的应用

移动网络应用是一种通过智能移动终端，采用移动无线通信方式获取业务和服务的新兴业务，包含终端、软件和应用。终端层指的是智能手机、平板电脑、电子书等电子设备；软件指的是操作系统等软件。应用指的是为用户提供的各种应用和服务。移动网络的应用发展非常迅猛，使用移动终端从网络获取信息服务的用户数不断攀升，下面介绍几个常用的移动网络的应用。

美团网提供的美团、猫眼电影、美团外卖、美团酒店客户端，用户可以用来获取商家信息和真实的消费者评价、评分。类似的移动网络应用还有去哪儿网、蘑菇街、明星衣橱等。

手机淘宝能让用户在手机上便捷购物。淘宝的应用非常广泛，商家因此而举行的淘宝双 11 等购物节交易量惊人。类似的移动网络应用还有：当当、唯品会、京东等。

蚂蚁金服旗下的支付宝，已发展成为融合了支付、生活服务、政务服务、社交、理财、保险、公益等多个场景与行业的开放性平台。除提供便捷的支付、转账、收款等基础功能外，还能快速完成信用卡还款、充话费、缴水电煤等，并且有自己的信用体系。支付宝为主的电子支付体系目前已经深入到用户生活的方方面面。类似的移动网络应用还有微信支付和各大银行、证券公司、基金公司的手机客户端应用。

1. 移动网络应用的开发

移动网络应用的开发也叫作移动应用开发或者 App 开发。移动应用开发是指以智能手机、平板电脑等便携终端为基础，进行相应的开发工作，它是为小型、无线计算设备编写软件的流程和程序的集合。移动应用开发类似于 Web 应用开发，不同之处在于移动应用通常利用一个具体移动设备提供的独特性能编写软件。

开发一款移动网络应用的 App，通常第一步是确定 App 的功能定位；然后是界面模块编写，接着是大功能模块代码编写，包括设计数据操作与存储、实现跳转多页面实现等；之后把大概的界面和功能连接后，进行移动应用程序测试；最后就是 App 的打包、签名、发布。

在不同的移动终端操作系统上有不同的 App 开发工具，目前 Android 和 iOS 系统在智能手机份额中领先，Symbian 和 Windows Phone 系统也占有一定的市场份额。其中 iOS 是由苹果公司开发的手持设备操作系统，属于类 UNIX 的商业操作系统；而 Android 平台允许任何移动终端厂商、用户和应用开发商推出自己的应用产品，因此平台上提供了种类丰富的 App 应用。苹果公司的 iOS 系统主要使用的开发语言是 Objective-C 和 Swift 两种语言；安卓系统主要使用的开发语言是 Java。

2. 移动网络应用的安装

移动网络应用的安装非常方便，用户在已有的智能手机等移动终端的操作系统上找到相应的 App Store 或"应用市场"，用应用程序名称或者按照功能分类搜索出想要的应用，点击界面上的"安装"或"获取"就可以直接安装了。

例如，在苹果手机的 iOS 系统上安装 App，用户首先打开苹果手机界面上面的 App Store 应用商店；然后搜索自己想要的软件，或者在推荐应用中找到想要的软件；找到应用软件之后，用户点击软件图标，点击界面上的"获取"按钮，系统就会自动安装成功了。用户在苹果手机或平板电脑中安装软件，系统会提示用户登录 Apple ID。所以安装之前，用户需要先注册 Apple ID 账号，账户可以在系统的"设置"中点击"登录"后进行注册。

安卓操作系统的应用市场软件比较丰富，市场份额靠前的有应用宝、百度手机助手、360 手机助手、华为应用市场（图 8.28）、小米应用市场等。不管是哪种应用市场软件，用户一般都可以直接在市场里搜索软件名称，下载之后，直接安装就可以了。

图 8.28　"华为应用市场"提供的移动网络应用的可下载安装的 App

参 考 文 献

[1] 蔡燕. 计算机实用技术[M]. 2 版. 北京：清华大学出版社，2014.

[2] 杜小丹，刘容. 大学计算机基础教程[M]. 二版.北京：科学出版社，2014.

[3] 宋金珂，孙壮，许小童，等. 计算机应用基础[M]. 五版. 北京：中国铁道出版社，2014.

[4] 万珊珊，吕橙. 大学计算机基础[M]. 三版. 北京：中国铁道出版社，2015.

[5] 姬秀荔，张涵. 大学计算机应用基础[M]. 2 版. 北京：清华大学出版社，2015.

[6] 耿焕同. 计算机文化基础[M]. 北京：科学出版社，2014.

[7] 杨俊，金一宁，韩雪娜. 大学计算机基础教程[M]. 北京：科学出版社，2014.

[8] 龙马高新教育. Office 2010 办公应用从入门到精通[M]. 北京：北京大学出版社，2017.

[9] 全国计算机等级考试教材编写组. 2018 全国计算机等级考试教程：二级 MS Office 高级应用[M]. 北京：人民邮电出版社，2018.

[10] Robin WILLIAMS. 写给大家看的设计书[M]. 4 版. 苏金国，李盼，等，译. 北京：人民邮电出版社，2016.

[11] 邵云蛟. PPT 设计思维：教你又好又快搞定幻灯片[M]. 北京：电子工业出版社，2016.

[12] 李栋. PPT 高手之路[M]. 北京：电子工业出版社，2017.

[13] 郭永青，李祥生，胡加立. 计算机应用基础[M]. 5 版. 北京：北京大学医学出版社，2010.

[14] 王珊，陈红. 数据库系统原理教程[M]. 北京：清华大学出版社，2003.

[15] Thomas M. Connolly，Carolyn E. Begg. 数据库设计教程[M]. 何玉洁，黄婷儿，译. 北京：机械工业出版社，2010.

[16] 李雁翎. 数据库技术及应用——Access[M]. 北京：高等教育出版社，2005.

[17] 九州书源. Flash CS5 动画制作[M]. 北京：清华大学出版社，2011.

[18] James F KUROSE，Keith W ROSS. 计算机网络：自顶向下方法[M]. 7 版. 陈鸣，译. 北京：机械工业出版社，2018.